武汉近代洋行·公司建筑
陈李波 徐宇甦 曹玥 编著
武汉理工大学出版社

图书在版编目（CIP）数据

武汉近代洋行·公司建筑／陈李波，徐宇甦，曹功编著．—武汉：武汉理工大学出版社，2016.6
（武汉历史建筑与城市研究系列丛书）
ISBN 978-7-5629-5411-8

Ⅰ．①武… Ⅱ．①陈… ②徐… ③曹… Ⅲ．①商业建筑－建筑史－武汉－近代 Ⅳ．①TU247-092

中国版本图书馆CIP数据核字（2016）第270205号

项目负责人：杨学忠
总责任编辑：杨　涛
责任编辑：杨　涛
责任校对：丁　冲
书籍设计：杨　涛
出版发行：武汉理工大学出版社
社　　址：武汉市洪山区珞狮路122号
邮　　编：430070
网　　址：http://www.wutp.com.cn
经　　销：各地新华书店
印　　刷：武汉精一佳印刷有限公司
开　　本：880×1230　1/16
印　　张：12.5
字　　数：280千字
版　　次：2016年6月第1版
印　　次：2016年6月第1次印刷
定　　价：296.00元（精装本）

凡购本书，如有缺页、倒页、脱页等印装质量问题，请向出版社市场营销中心调换。
本社购书热线电话：027-87515778　87515848　87785758　87165708（传真）

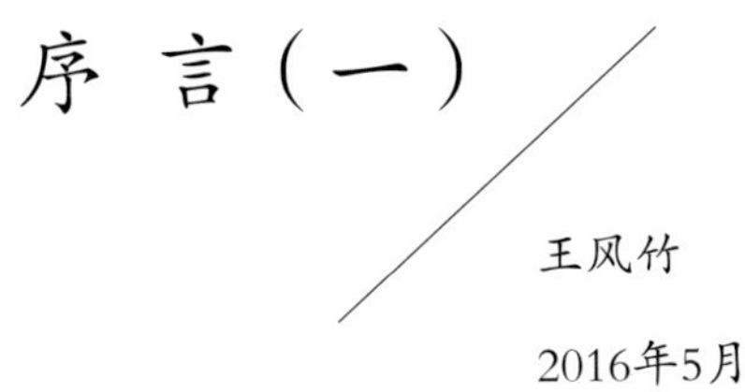

序 言（一）

王风竹

2016年5月

城市是在人类社会发展中形成的。在一个城市形成与发展的进程中，它遗留有丰富的文物古迹，形成了各具特色的
展脉络和文化特色的重要表征要素，其中近代建筑因其特殊的历史背景，在城市发展历程中被众多研究者所关注。一般
有受到西方建筑文化的影响。鸦片战争以后，西方以武力强制打开了中国闭关锁国的大门，西方文化成为具有强势特征
展变化。

武汉是一座有着3500年建城历史的城市，中国历史上许多影响历史进程的重大事件发生在这里。在武汉众多的城市
近代最重要的对外通商口岸之一，英国、德国、俄国、法国、日本等国相继在汉口设立租界，美国、意大利、比利时、
埠的持续繁荣，近代建筑在武汉逐渐蔓延开来，并逐渐成为武汉建筑乃至城市风貌的有机组成内容，其中包括宗教、金
近代建筑，经历了北伐战争、抗日战争、解放战争的洗礼，经历了现代大规模城市开发的吞噬，消失者甚众，但目前存
国重点文物保护单位20处（其中，汉口近代建筑群、武汉大学早期建筑皆包括多处独立建筑）、湖北省省级文物保护单
中山大道历史文化街区，其中蕴含着大量近代建筑）（以上皆为2015年底的统计数据）。

武汉的近代建筑，是武汉重要的文化遗产，蕴含着丰富的历史文化信息，是近代武汉城市社会状况的重要物证，是
旧址（湖北咨议局旧址）、辛亥首义发难处——工程营旧址、辛亥革命武昌起义纪念碑、辛亥首义烈士墓等，是辛亥革
军事委员会旧址、八路军武汉办事处旧址、新四军军部旧址、国民政府第六战区受降堂旧址等，都是近代重要的历史遗
武汉大学早期建筑群，是近代中西合璧建筑典型的代表，也是武汉大学校园作为中国最美大学校园的重要景观组成之
因而显得尤为珍贵。

从“武汉历史建筑与城市研究系列丛书”的写作计划及已完稿的书稿内容来看，该丛书主要针对武汉近代建筑的
关阐述与分析深入而全面，可以作为展示与了解武汉近代建筑的重要读本。同时这套书还有一个作用，就是让更多的专
畴，审慎地对待、探讨科学保护与更新的途径，让承载丰富城市历史信息的近代建筑得以保存下来、延续下去。最后，

历史街区，荟萃了不同历史时期的各类遗产，从而积淀了深厚的文化底蕴。在各类城市遗产中，历史建筑是体现城市发
而言，中国近代建筑指近代形成的西式建筑或中西结合式建筑。鸦片战争以前，清政府采取闭关锁国政策，中国基本没
的外来文化，不同形式的西式建筑陆续在中国出现，西方建筑文化开始对中国产生巨大影响，加快了中国近代建筑的发

历史遗产中，近代建筑是其中丰富而独特的一部分。鸦片战争以后，中国开始了工业化，进入近代社会，汉口成为中国
丹麦、荷兰、墨西哥、瑞典等国也相继在汉口设立领事馆（署），西式建筑文化开始大量传入武汉。其后，随着汉口商
融、办公、教育、医疗、住宅、旅馆、商业、娱乐、交通、体育、工业、市政、监狱、墓葬等众多的建筑类型。武汉的
量仍然较大，仍然是中国近代建筑保有量最多的城市之一，许多重要建筑与代表性历史街区仍然保存完好，其中包括全
位60余处、武汉市市级文物保护单位60余处、武汉市近代优秀历史建筑201处、第一批中国历史文化街区1处（江汉路及

武汉作为中国历史文化名城的重要支撑。其中，部分建筑具有全国性的突出价值和影响力，如辛亥革命武昌起义军政府
命的重要遗址或纪念地；中共中央农民运动讲习所旧址及毛泽东故居、中共八七会议会址 、中共五大会址、国民政府
迹；汉口近代建筑群，是武汉近代建筑的重要代表，是武汉城市特色的重要构成，也是中国较为独特的城市景观之一；
一。上述这些近代建筑是武汉近代社会精神文化的物质载体，从一个侧面体现了中国近代社会中一座城市的变迁过程，

重要建筑类型，史料价值很高，所选案例比较具有代表性，技术图纸、现状照片能够反映武汉历史建筑的基本特征，相
家学者深入研究，进而间接提醒城市的管理者深入思考，将这些近代建筑与其共处的历史街区及环境纳入整体保护的范
期望该丛书以更为完美的结果，早日、全面地呈现给社会。

序 言（二）

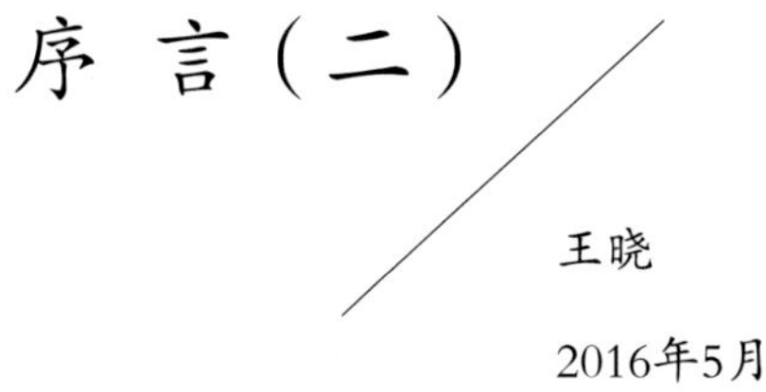

王晓

2016年5月

中国近代建筑，广义地指中国近代建设的所有建筑，狭义地指中国近代建设的、源于西方或受西方影响较大的建
中国传统建筑体系的延续，二是西方建筑体系（主要包括西方传统建筑体系的延续及西方早期现代建筑体系，其中部分
1~2层为主，所以在经历了近代多次战争及大多城市的现代野蛮再开发之后，在城市中已所剩无几。而属于西方近代建筑
之间，西方式样的近代建筑，在中国长期被视为殖民主义的象征，特别是租界建筑，大多被视为耻辱的印记，人们的保
类建筑的历史文化、科学技术与艺术价值也逐步得到社会的广泛重视，保护力度日益加强。

在当代中国城市中，近代建筑保有量与原租界面积大小密切相关。在近代中国，上海、天津、武汉、厦门、广州、
相关，并据初步调查，中国目前存有近代建筑最多的城市，当属上海、天津、武汉。

1861年汉口开埠以后，英国、德国、俄国、法国、日本等国相继在汉口开辟租界，美国、意大利、比利时、丹麦、
武汉快速发展。民国末期，近代建筑已经成为武汉城市风貌特色的重要组成部分。目前，武汉的近代建筑保有量及丰富
布在汉口沿江历史风貌区内；以武昌次多，主要分布在武昌昙华林历史街区及武汉大学校园内；其余零星分布于武汉各
几乎涵盖了西方古代至近代的主要建筑风格，且不止于此，主要包括西方古典风格、巴洛克风格、折衷主义风格、西方
期建筑群、湖北省图书馆旧址、翟雅阁健身所等，具有显著的中西合璧特点；如古德寺，完美地糅合了中西方与南亚建

武汉近代建筑，还包括大批各级文物保护单位及武汉优秀历史建筑，充分说明了武汉近代建筑具有独特的价值；另
市研究系列丛书”选择了其中最能反映武汉近代建筑特点的教育建筑、金融建筑、市政·公共服务建筑、领事馆建筑、
等类型，以简明的文字、翔实的图纸与图片，展示了其中的典型案例。虽然其中仍然存在一些瑕疵，但作为相关建筑研
点。

近20年来，武汉理工大学不断对武汉近代建筑进行测绘及研究，形成了大量相关成果，因此，此丛书不仅凝聚着编
和房屋管理局及武汉市城乡建设委员会等政府部门的相关领导一直敦促与支持武汉理工大学深入进行武汉近代建筑的研

筑。一般情况下，多指后者。广义的中国近代建筑，可称为“中国近代的建筑”。这些建筑，主要属于两大体系：一是
建筑糅合了中国传统建筑的某些特征）。属于中国传统建筑体系的近代建筑，由于采用了相对较易受损的木结构，且以
体系的中国近代建筑，由于结构相对不易受损，所以虽然损毁较多，但在部分城市中仍有较多遗存。约在1950—1990年
护意愿淡薄，甚至不愿意保护；约在2000年以后，随着历史建筑大量、快速的消失，以及国人文化视野的逐渐开阔，此

镇江、九江、杭州、苏州、重庆等城市曾设有不同国家的租界，其中依次以上海、天津、武汉、厦门的面积为大。与其

荷兰、墨西哥、瑞典等国在汉口设立领事馆，外国许多银行、商行、公司、工厂、教会也逐渐在武汉落户，近代建筑在
度，在全国仍然位于三甲之列，仍然是武汉城市风貌特色的重要组成部分。武汉现存的近代建筑，以汉口最多，主要分
区。上述建筑，包括办公、金融、教育、医疗、宗教、居住、商业、娱乐、工业、仓储、体育等诸多类型。上述建筑，
早期现代建筑风格、中西糅合风格等等，可谓琳琅满目、丰富多彩。其中，许多建筑具有较强的独特性，如武汉大学早
筑风格，即使在世界范围内也属较为独特的。
外，还包括一些暂时没被纳入文物保护单位或武汉优秀历史建筑目录的，也具有珍贵的保护价值。“武汉历史建筑与城
公馆·别墅·故居建筑、洋行·公司建筑、近代里分建筑、宗教建筑、公寓·娱乐·医疗建筑、饭店·宾馆·交通建筑
究与设计的参考，作为建筑爱好者的知识图本，仍然具有较为全面、较为丰富、技术性与通俗性结合、可读性较强的特

著者的心血，也凝聚着武汉理工大学相关师生的多年积累。近些年来，湖北省文物局、武汉市文化局、武汉市住房保障
究，社会各界对武汉近代建筑的关注也不断升温，因此，此丛书的出版也是对上述支持与关注的一种回应。

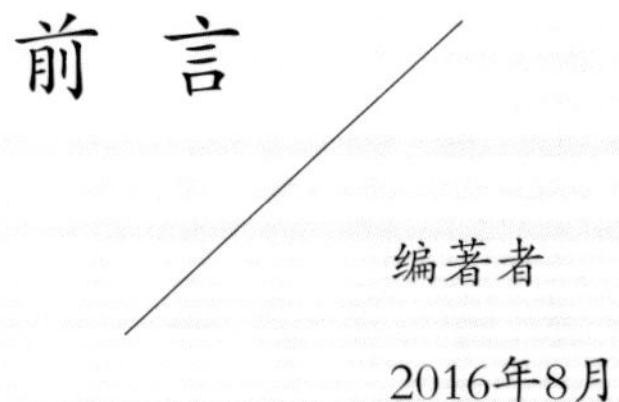

前 言

编著者

2016年8月

本书中洋行的含义是指在中国近代外国资本家从事贸易活动的商行，主要倾销外国商品并出口中国土产和原料，

展，并催生出一些华人自办的公司。本书主要介绍武汉尤其是汉口，在开埠之后洋行与公司建筑的发展，并对其艺术价

本书着重探讨以下三个议题：

（1）以“历史信息”的真实性为要义，采用实地勘测与档案查阅相结合的方式，为武汉近代洋行·公司建筑建立详

研究人员广泛采集素材，反复分析、分类、筛选，精心构思编排，直至汇总，并以不同建筑类别收录建筑实物、资

行、日信洋行、太古洋行汉口分行、南洋大楼、汉口景明大楼、卜内门洋行、三北轮船公司、亚细亚火油公司汉口分公

信息的真实性、完整性与代表性。所建立起的武汉近代洋行·公司建筑档案，包括三个部分：

①技术图纸部分，以实测线稿为主，具体包括建筑平面、立面、剖面、门窗大样、节点构造，方案设计深度。

②建筑信息模型（Sketch Up模型）与实景照片

照片部分与线图、细部大样相对应，力求更加全面、真实与直观地解析建筑；建构建筑信息模型，凭借相关软件建

③文字描述，介绍和梳理洋行·公司建筑的历史沿革与建筑特征。

（2）学术研究与大众普及并重，挖掘武汉近代洋行·公司建筑特征与脉络的同时，在市民中普及推广武汉优秀历史

通过文字、实测线图、实景照片、分析图相结合的表现形式，图文并茂地展现武汉近代洋行·公司建筑的风采与特

性强，实现艺术欣赏价值与学术科研价值并重。这样做目的有二：

首先，在武汉市民中推介武汉近代洋行·公司建筑，扩大公众参与层面，提升市民历史文化修养，同时将文化武汉

其次，通过线描图纸加上照片、建筑信息模型这样直观的手段，为今后模拟展示武汉近代洋行·公司建筑提供平台

秀文化与名城风采。

是半殖民地半封建社会的中国在帝国主义侵略下的特殊产物。洋行的产生在一定程度上也刺激了中国民族资产阶级的发

值、建筑技术、风格特征及建筑细部加以总结与思考，希望借此为历史建筑的保护提供新的思路与启示。

细测绘图纸与文字档案

料保存相对完整的15个案例，具体包括：立兴洋行汉口分行、汉口美最时洋行、保安洋行、惠罗公司、宝顺洋行汉口分

司、新泰大楼、日清洋行、安利英洋行。图纸绘制均以实地测绘为主，辅以历史考证与档案查阅，力求洋行·公司建筑

模，实现全景、动态地观察建筑外部与内部。

建筑文化

色，并力求在照片、图形处理上做到构图新颖、表达准确、艺术性强，而在文字部分则力求结构清晰、简明扼要、可读

的概念推向全国，进而走向世界。

与基础（毕竟许多建筑已时过境迁，市民无法亲身经历与参与），同时凭借“互联网+”的优势，无界域性地传播武汉优

（3）通过分析图则的方式，对武汉近代洋行·公司建筑进行系统分析、归纳与整理

结合专业特点，本书主要采用分析图则的方式，结合相应资料梳理，对既有技术图纸进行图则分析。此做法的优势

分析图则的构成和思路具体如下：

①基于建筑平面图的分析图则，主要包括：建筑街道关系、建筑构图分析、轴线分析、建筑功能与流线分析等；

②基于建筑立面图的分析图则，主要包括：体量分析、构图分析、设计手法元素分析等；

③基于建筑剖面图的分析图则，主要包括：自然采光与通风、构造与结构分析等；

④基于门窗建筑大样与节点构造的分析图则，主要包括：细节处理分析、构图比例分析等。

本书力求图文并茂地展现武汉近代洋行·公司建筑的风采与特色，并在照片、图形处理上做到结构明晰、构图新

当然，由于全书涉及内容年代跨度较大，资料搜集整理颇为艰辛，故编写难免遗漏疏忽，不足之处恳请专家批评指正。

湖北省文物局、武汉市文化局与武汉市房地产管理局等单位对本书编写出版高度重视，并在具体测绘过程中给予了

能及地提供服务保障与支持。没有上述单位和领导的支持，本书的编写工作实难完成，在此一并表示感谢。

在于清晰明确与系统全面，同时对现今建筑设计具有较强的参照性和借鉴性。

颖、表达准确、艺术性与通俗性并重，实现学术科研价值与鉴赏收藏价值。

大力协助与支持。此外，武汉理工大学土木工程与建筑学院的各级领导与行政部门也极为支持本书的编写工作，并力所

目录

0
导言

导言 武汉近代洋行·公司建筑

湖北位于长江中游，而武汉素有“控长江中游之咽喉，扼南北交通之要冲”的“九省通衢”的称誉，作为武汉三镇之一的汉口更因其得天独厚的地理优势，成为近代以来重要的商业重镇。1861年汉口开埠后，外国商人纷纷涌入汉口，为方便与中国进行贸易活动，洋行在此背景下应运而生。洋行指外国资本家在中国开设的从事进出口贸易的商行，洋行虽然是外商剥削中国的一种手段，但在一定程度上也刺激了我国民族资产阶级的发展，也促使武汉由封闭式的内陆城市向国际化大都市转变。

第一节 武汉近代洋行·公司建筑发展历程

随着汉口开埠，武汉的近代贸易由此拉开。由于汉口开埠时间晚于上海、广州等沿海城市，因此在武汉设立的洋行多为各大洋行的分行。1862年，被称为“洋行之王”的英国怡和洋行率先在汉口设立分行，随后其他各国洋行也争相发展，高峰时期，武汉有外国洋行140余家，洋买办800余人。

一、武汉近代洋行·公司建筑的历史分期

根据武汉近代洋行·公司建筑发展历程以及当时的历史环境，可将其历史划分为发展期、成熟期、衰退期三个时期。

（1）发展期（1862—1893年）：汉口开埠后，贸易活动大量增加。1862年英商怡和洋行率先在汉口设立分行，宝顺洋行也紧随进入汉口。随后俄商也进入汉口开设洋行，1863年建立顺丰砖茶厂，1874年建立新泰砖茶厂、阜昌砖茶厂，经营茶叶的进出口贸易。德商美最时洋行、英商太古洋行等也先后在汉口设立分行，开展贸易活动，一时间洋行得到迅速发展。1891年在汉口的洋行有27家，外商370人（表0–1）。

表0–1 1891年汉口洋行数量和外商人数统计

国别	洋行数（个）	人数（人）
英国	12	151
德国	6	15
俄国	4	41
美国	3	34
法国	1	16
日本	1	10
其他	0	33
合计	27	300

数据来源：汉口租界志编纂委员.汉口租界志.武汉：武汉出版社，2013.

（2）成熟期（1894—1937年）：1894年中日甲午战争中国战败，清政府被迫签订《马关条约》，日本商人大量涌入，日本洋行的数量甚至超过了美、法等国。1901—1905年，在汉口的外商人数增加了一倍（表0–2）。第一次世界大战期间，欧洲列强忙于战争，在汉口的洋行有的处于停业状态，而日本洋行有所增加。1925—1937年间，汉口洋行数量保持在130家左右。在此期间，洋行逐渐达到成熟期，我国民族资产阶级也开始兴办企业，南洋烟草公司、三北轮船公司等相继成立，与外商展开贸易竞争。

表0–2　1901—1905年汉口洋行数量和外商人数统计

国别	1901年		1905年	
	洋行数（个）	人数（人）	洋行数（个）	人数（人）
英国	26	195	32	504
美国	8	194	12	500
德国	10	87	25	162
日本	4	74	18	537
俄国	7	64	—	—
其他	21	376	27	448
合计	76	990	114	2151

数据来源：汉口租界志编纂委员.汉口租界志.武汉：武汉出版社，2013.

（3）衰退期（1938—1955年）：1938年武汉沦陷，除日本洋行外，大部分洋行歇业。1939年日本洋行增加到60余家。1941年太平洋战争爆发，英美侨民撤离汉口，日军侵占英美洋行的工厂和设施，几乎独霸武汉市场。1945年抗日战争胜利后，汉口只剩下英美洋行，其余洋行几乎全部停业。1949年5月武汉解放时，共有洋行37家，到年底时，仅剩11家还在营业。这段时期，洋行处于衰退期，到1955年全部洋行停止在汉口的业务。

二、武汉近代洋行·公司建筑的业态分类

洋行与公司作为各国商人在中国开展贸易活动的机构，其贸易重点有所区别，在其经营的领域几乎处于垄断地位（表0–3）。

表0–3　各国洋行在汉主要业务

国别	业务	范围
	出口贸易	进口贸易
英国	红茶和棉花	纺织品
德国	蛋品、牛羊皮、桐油、五倍子	染料、五金器械
俄国	砖茶	茶叶
法国	本地货物、牛羊皮	日用百货
日本	棉花、油脂、杂粮、猪鬃	棉纱、食糖
美国	一般货物	石油

洋行与公司经营的业务范围十分广泛，细分其业态有多种多样，有商贸业、航运业、保险业、设计业等（表0–4），部分势力庞大的洋行从事多领域的贸易活动，如怡和洋行、美最时洋行等。

表0–4　各洋行·公司业态分类

业态类型	洋行·公司名称	国别	年份	历程概要
商贸业	宝顺洋行汉口分行	英国	1862年	宝顺洋行1862年进入汉口，1916年前后新建办公楼，主要经营茶叶的进出口贸易。
	新泰砖茶厂	俄国	1874年	1874年俄商建立新泰砖茶厂，1921年拆除原建筑，新建五层办公楼，经营砖茶贸易。
	立兴洋行汉口分行	法国	1895年	立兴洋行1895年于汉口开设分行，1901年在今沿江大道新建大楼，主要出口业务是芝麻、猪鬃、牛羊皮、桐油等土产，进口货物主要有钢材、面粉、玻璃等。
	三井洋行、三菱洋行	日本	1902年	三井洋行和三菱洋行均于1902年在汉口开设分行，主要经营精制白糖、海产品的进口和牛羊皮、猪鬃的出口贸易。
	美孚石油公司	美国	1903年	美孚石油公司1903年在汉口设立分公司，营业部设在花旗银行大楼内，主要经销品种是"美孚"、"虎"、"鹰"牌煤油，以及汽油、柴油、蜡烛、凡士林等。
	日信洋行	日本	1910年	大阪日本棉花株式会社1910年在汉口设立分社，取名日信洋行，1917年在江汉路新建大楼，主要经营棉、纱、布的贸易，收购棉花供应日本纱厂，并销售日本的棉布棉纱。
	亚细亚火油公司汉口分公司	英国	1910年	1910年亚细亚火油公司在汉口设立分公司，1924年在今天津路1号新建五层办公大楼，主要经营我国华中地区汽油、煤油、机油业务。
	南洋大楼	中国	1921年	爱国企业家简照南、简照强兄弟1905年创立南洋烟草公司，1921年在今汉口中山大道建成南洋大楼，主要经营烟草生意。
	卜内门洋行	英国	1921年	卜内门洋行在欧洲以经营纯碱起家，1921—1924年在汉口英租界建成三层办公楼，经营纯碱和化学肥料。
	安利英洋行汉口分行	英国	1929年	安利英洋行前身是德国瑞记洋行，1929年在汉口设立分行，主要经营中国土产品的出口和五金、钢铁等产品的进口贸易。
航运业	怡和洋行汉口分行	英国	1862年	怡和洋行又称渣甸洋行，1862年率先在汉口设立分行，主营航运业，兼营进出口贸易，在华发展时间长，号称"洋行之王"。
	汉口美最时洋行（轮船部）	德国	1862年	美最时洋行于1862年在汉口设立分行，1908年建成新办公楼，经营进出口贸易和轮船业务，并建有蛋厂、电灯厂和货栈。
	太古洋行汉口分行	英国	1873年	太古洋行于1873年在汉口设立分行，主营航运，兼营进出口贸易。其在汉口营运的船舶前后总计24艘，在当时数量最多。
	日清轮船公司（日清洋行）	日本	1913年	日清轮船公司又称日清洋行，前身是日本大阪商船公司，1928年在今沿江大道江汉路入口处新建五层大楼。
	三北轮船公司	中国	1915年	虞洽卿1913年创办三北轮船公司，总部在上海，1915年在汉口创立分公司，经营长江航线，1922年在今沿江大道新建大楼。
保险业	怡和洋行（保险部）	英国	1862年	怡和洋行下设保险部，主要经营各类水火保险业务。
	保安洋行	英国	1910年	英国保安保险公司于1910年在汉口开设保安洋行，是英国来华最早成立的两家保险公司之一，1914年在今青岛路新建办公楼，主要经营各项保险业务，1922年停办。
	汉口美最时洋行（保险部）	德国	1925年	1925年汉口美最时洋行进口部撤销，开始从事代理保险业务，起初仅代理水险和火险，1936年后保险业务逐渐拓宽。

续表0-4

业态类型	洋行・公司名称	国别	年份	历程概要
设计业	景明洋行	英国	1921年	景明洋行由毕业于英国伦敦皇家建筑学院的海明斯和柏格莱创办，1921年建成景明大楼。景明洋行最早将钢筋混凝土技术引入武汉，在汉口留下了大量优秀作品，同时也培养了很多建筑设计人才，可以说是汉口建筑师的摇篮。
	三义洋行	英国	20世纪初	三义洋行隶属英国，在汉口也留下了许多著名的设计作品，如上海银行汉口分行大楼，立兴洋行汉口分行新大楼等。

第二节　武汉近代洋行・公司建筑特征

武汉近代建筑风格多种多样，既有传统本土建筑的"洋化"，又有外来洋式建筑的"本土化"，或者是直接引进外来建筑形式。洋行・公司建筑在武汉近代建筑中占有较大比例，因此它们的建筑特征也是武汉近代建筑风格的缩影。

一、平面特征

洋行・公司建筑通常会将办公楼设置在沿江地带，方便日常经营，特别是从事航运业的洋行。时至今日，在汉口沿江大道上，依然屹立着多栋洋行・公司建筑（图0-1）。为增大临街面积，方便货物运输，有的洋行・公司建筑建于两条街交汇处，平面呈"L"形，转角处做弧形处理，并设置主出入口，临街的两面通常也会设置次出入口。例如汉口俄商新泰大楼位于沿江大道与兰陵路交会

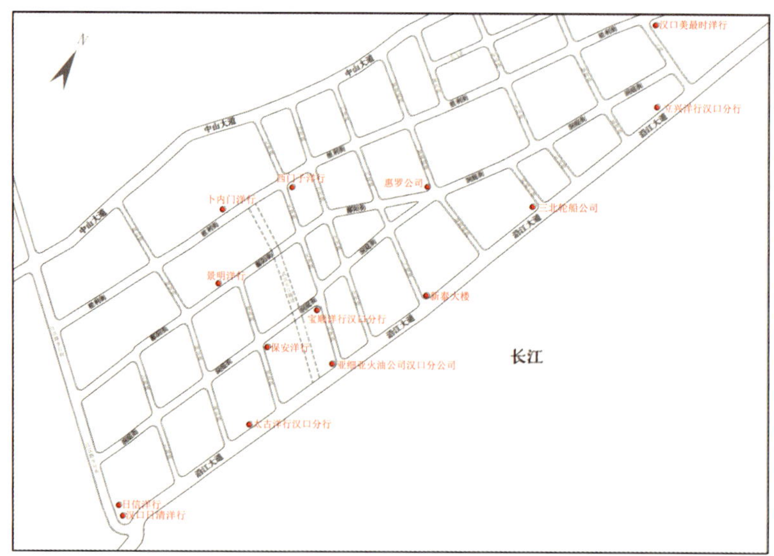

图0-1　汉口洋行・公司分布图

图0–2　汉口俄商新泰大楼

图0–3　保安洋行旧址

处（图0–2），保安洋行位于洞庭街和青岛路交会处（图0–3）。

洋行·公司建筑平面多呈不规则形状，平面布局灵活，合理利用空间，通常有一个小门厅连接出入口，其余多为一间间办公室，以走道来衔接，与银行建筑的开敞空间形成鲜明对比。规模不大的洋行为节省资金，底层用作商业、办公用房，楼上作为员工公寓使用。也有少数洋行是规则的对称式平面，如立兴洋行汉口分行（图0–4），建筑体量不大，空间利用率高。

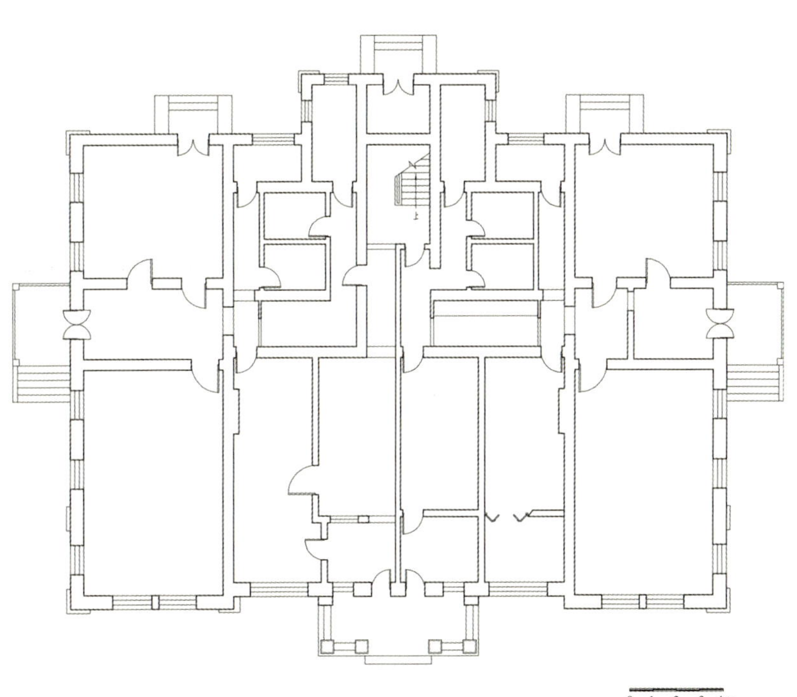

图0–4　立兴洋行汉口分行平面图

图0–5　砖木结构的太古洋行汉口分行

二、结构形式

武汉早期的洋行·公司建筑采用砖木结构，如怡和洋行汉口分行、太古洋行汉口分行（图0–5）、立兴洋行汉口分行、宝顺洋行汉口分行（图0–6）等，它们层数不多，体量不大，以砖墙承重，配合木屋架和坡屋顶，整个建筑显得精致秀美。19世纪末，汉口逐渐引入钢筋混凝土技术，随后的洋行·公司建筑多采用钢筋混凝土结构，建筑体量更大，层数更多，建筑显得雄伟壮丽。

图0–6　砖木结构的宝顺洋行汉口分行

三、立面风格

武汉近代建筑风格受外来建筑文化影响较大，建筑风格呈现多样化。武汉近代洋行·公司建筑立面风格不像银行那样对称、庄重、威严，相比起来显得更加随性。总体来说，武汉近代洋行·公司建筑立面风格有四种类型。

（一）殖民地式风格[①]

武汉近代的洋式建筑，早期表现为“殖民地式”风格，这种建筑形式以带有外廊为主要特征，这种风格在洋行·公司建筑中也有体现，如怡和洋行汉口分行、立兴洋行汉口分行等。进入20世纪后，“殖民地式”风格逐渐被取代，但在其兴盛期是当时洋式建筑的主要类型，有学者称这种“殖民地式”的外廊样式是“中国近代建筑的原点”。

怡和洋行汉口分行是汉口最早设立的洋行，洋行旧址现已无从考证，只能从汉口老明信片上一睹它往日的风采（图0–7）。从老照片可以看出，怡和洋行汉口分行具有典型的“殖民地式”

图0–7　老明信片上的怡和洋行汉口分行

① “殖民地式”风格以带有外廊为主要特征，一般为二三层砖木结构。它是英国殖民者将欧洲建筑传入印度、东南亚一带，为适应当地炎热气候而产生的一种样式。

图0-8　立兴洋行汉口分行

图0-9　日清洋行大楼

风格，建筑为三层砖木结构，红砖清水外墙，主入口设在一层中部，二、三层设外廊，连续的半圆拱廊几乎布满整个立面，屋顶为灰瓦四坡顶，整个建筑比例适宜、精致简练。

立兴洋行1901年在今沿江大道183号建立办公楼（图0-8），这座大楼建于“殖民地式”风格流行的晚期，外廊由连续的拱廊变为连续券的券柱式构图，柱子和拱券贴于墙面。外墙红白相间，竖向用壁柱划分，一层正中间有突出的柱廊，二、三层是突出的阳台，整个立面对称均衡、庄重典雅。

（二）古典主义风格

进入20世纪后，二三层的“殖民地式”建筑已经无法满足功能需求，而此时西方古典主义建筑之风逐渐吹向武汉，大量古典主义建筑开始涌现。19世纪西方古典主义表现为对古罗马、古希腊建筑样式的复兴，最先是出现在文化上的一种思潮，后来逐渐形成一套仿古典的建筑形式。古典主义风格的洋行·公司建筑也有不少，比如俄商新泰大楼、日清洋行大楼等（图0-9）。

日清洋行大楼为五层钢筋混凝土结构，竖向三段式构图，中间内凹，三、四层由两层高爱奥尼双柱式划分。建筑底层为麻石砌筑，上部仿麻石饰面，转角处顶层有塔亭点缀，建筑雄伟大方，带有明显的古典主义建筑气息。

（三）折衷主义风格

折衷主义流行于19世纪到20世纪初，它跨越了古典主义的局限性，任意选择和模仿历史上的各种风格，将其糅杂组合成新的形式，又称集仿主义。折衷主义传到中国时，在西方已经走向晚期，但在中国仍掀起了一阵热潮，成为近代中国洋式建筑的基调。折衷

主义风格的洋行·公司建筑也有不少，比如汉口保安洋行旧址、亚细亚火油公司汉口分公司等。汉口保安洋行（图0-10）这座五层的钢筋混凝土结构大楼建在十字路口处，两侧的沿街立面均采用对称的横、竖三段式构图。主入口设于转角处的弧面，入口上方用装饰精美的牛腿支撑挑出的雨篷，二层局部有挑出的阳台，三、四层有内廊，用爱奥尼柱式进行竖向划分，罗马风样式的拱形窗与方窗混合并用，立面显得活泼有变化，是汉口近代折衷主义建筑中的经典作品。

（四）现代主义风格

20世纪20年代，随着工业和建筑技术的发展，一种全新的建筑思潮开始兴起，其反对复古主义与折衷主义，主张采用工业化的建筑技术，建筑形式表现为现代主义风格。现代主义风格的洋行·公司建筑较多，比如安利英洋行汉口分行（图0-11）、景明洋行、三北轮船公司等。

安利英洋行汉口分行立面简洁干净，没有复杂的古典装饰，没有多余的线脚，仅在一层大门两侧设有古典柱式作为修饰，采用简单的矩形窗。立面强调竖向划分，打破了古典三段式构图的束缚，带有浓厚的现代主义风格。

图0-10　保安洋行旧址

四、细部特征

（一）外立面材质

武汉近代洋行·公司建筑外立面主要有四种材质：清水砖墙、麻石、人造石材和面砖。清水砖墙外立面的有宝顺洋行汉口分行、立兴洋行汉口分行、卜内门洋行等，麻石和人造石材外立

图0-11　安利英洋行汉口分行

（a）清水砖墙的宝顺洋行汉口分行

（b）麻石砌筑的日清洋行

（c）人造石材外墙的新泰大楼

（d）外贴面砖的安利英洋行

图0–12　外立面材质

面的建筑较多，如日清洋行、新泰大楼、景明洋行等，外贴面砖的有安利英洋行。不同材质的外立面具有不同的色彩，而色彩是人们感知建筑最直接的因素之一，不同的色彩给人的直观感受是不同的。清水砖墙多为红色，给人活泼轻快的感觉；麻石多为暗黄色，给人沉稳庄严之感；人造石材色彩与麻石接近，或深或浅；面砖色彩则更丰富，安利英洋行面砖颜色为深枣红色（图0–12）。

（二）门窗

位于道路交叉处洋行·公司建筑的主入口通常设置在转角处的弧面上，沿街两侧设次入口，大门多为方形。早期洋行·公司建筑的窗户面积都不大，形式各异，有拱形窗、矩形窗，并且有门楣、窗楣装饰；后期洋行·公司建筑多采用大面积的矩形玻璃窗，简洁而没有多余的装饰。如图0–13（b）所示的是景明洋行为自己设计的景明大楼中部大面积的玻璃组合窗，立面纯净，颇具现代主义风格。

（a）拱形窗

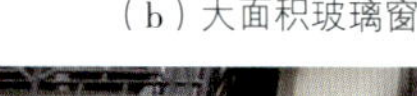

（b）大面积玻璃窗

（c）窗楣装饰的方窗

（d）无装饰的方窗

图0–13　窗户对比

（三）阳台

阳台多局部设置，如在中间层中选择1~2层设置挑出的阳台，阳台下方用牛腿支撑。多数阳台都不大，连续多组小阳台，起到丰富立面的作用。亚细亚火油公司汉口分公司阳台较大，在其细部处理上还留有传统痕迹。阳台栏杆的处理上也各有不同，各具特色，有各式铁艺栏杆、宝瓶式石栏杆、实墙栏杆等（图0–14）。

（a）（b）（c）（d）（e）

图0–14　阳台对比

（四）塔亭

路口转角处的洋行·公司建筑有一个特点，在其转角处顶部通常设有塔亭或是穹顶，使其成为构图的中心，丰富转角处的立面处理（图0–15）。

（a）日清洋行大楼顶层塔亭

（b）新泰大楼顶层穹顶

（c）惠罗公司顶层穹顶

图0–15　塔亭

01
第一章

第一章 立兴洋行汉口分行旧址

立兴洋行汉口分行，主要从事芝麻、猪鬃、牛羊皮、桐油出口，钢材、玻璃、面粉进口等业务，还代办过航运、房地产和保险业务。其总部位于上海，法国人立兴于1870年创办。1901年在汉口法租界河街（今沿江大道183号）修建了办公楼和仓库，1921年又在立兴油厂后修建由三义洋行设计的大楼。

第一节 历史沿革

立兴洋行汉口分行历史沿革

时 间	事 件
1870年	法国人在上海创办立兴洋行。
1861年	立兴洋行在汉口开办分行。
1901年	立兴洋行汉口分行在法租界河街，也就是今天的沿江大道建办公楼和仓库。
1905年左右	立兴洋行代理的法国东方轮船公司开辟了长江航线。
1921—1923年	立兴洋行迁至位于洞庭街116号的新办公楼，立兴洋行汉口分行旧址外租。
1930年左右	德国人发利承租该栋大楼后改开饭店，取名“发利饭店”。
1935年	由于发利突然病逝，其妻不得不将房子顶给一个波兰人，于是在1935年，这位善于经营的波兰人将发利饭店改建为老汉口饭店。
1950年	比利时义品地产公司在汉复业，立兴洋行于6月1日归义品公司管理。
1954年	义品公司不愿继续管理立兴洋行，登报请业主自管，因无人出面，遂于下半年移交武汉市房地产公司接管。
2004年	武汉市招商局入驻老汉口饭店三楼。
2011年	立兴洋行汉口分行旧址被公布为武汉市优秀历史建筑。

第二节 建筑概览

1901年所建的立兴洋行汉口分行的办公大楼，由德国石格司建筑事务所设计，民生营造厂施工。大楼演绎着浓郁的“殖民地式”风格，古朴的廊柱、典雅的拱券、红白相间的色调，使其在汉口的江滩形成一道亮丽的风景。

◆　图1-2：古典的建筑被高大的乔木围绕，营造出一种“犹抱琵琶半遮面”的美感。

◆　图1-3：门廊使入口形成一个过渡空间，同时细部精美的廊柱使入口与整体建筑风格相协调。

老洋行大楼为三层砖木结构，立面横向五段式构图，竖向以窗来划分墙面。一楼为长窗，只有门厅两边为拱券窗，二、三楼为三联券柱式外廊，底层主入口有多立克券柱式3开间门廊。整个大楼以三顺一丁的方法砌筑，外墙的砖块红白相间，坡顶红瓦。每层楼间均有平直的腰线，形成构图简洁、几何性强、轴线明确、主次有序、完整而统一的特点。沿江立面，一楼除门厅两边各有一个拱券窗外，其余均为长窗，体现出一种现代主义风格；二、三楼券柱式外廊红色的券楣上，饰以雕有图纹的锁石。底层中部主入口有多立克券柱式3开间门廊，古朴典雅，庄重美观。

立兴洋行汉口分行照片详见图1-1至图1-5所示。

图1-1　立兴洋行汉口分行旧址正立面实景图

图1-2　立兴洋行汉口分行旧址透视实景图

图1-3　主入口

图1-4　阳台

图1-5　窗户

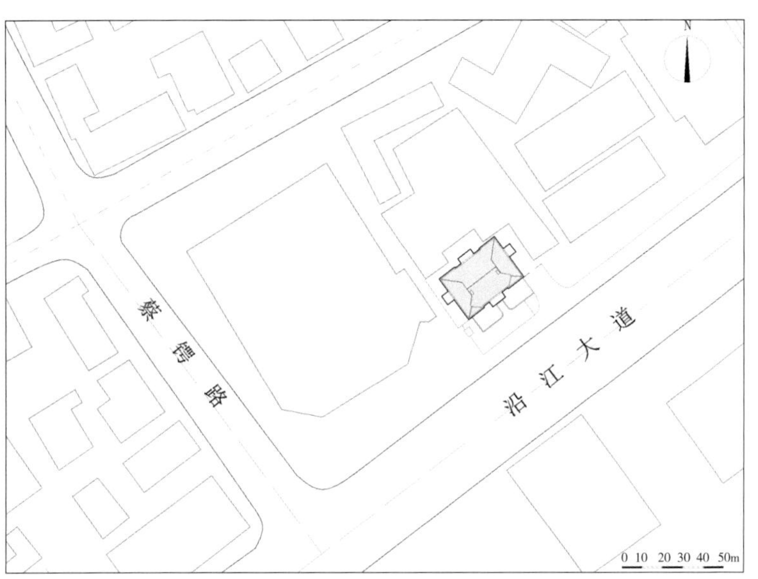

图1-6 街道关系

第三节 技术图则

依据建筑实测图纸，部分辅以三维建模，用技术图则方式解析立兴洋行汉口分行旧址建筑的环境布局、平面布置、功能流线、围护结构、采光及通风等规划建筑诸元素。立兴洋行汉口分行旧址技术图则详见图1-6至图1-21所示。

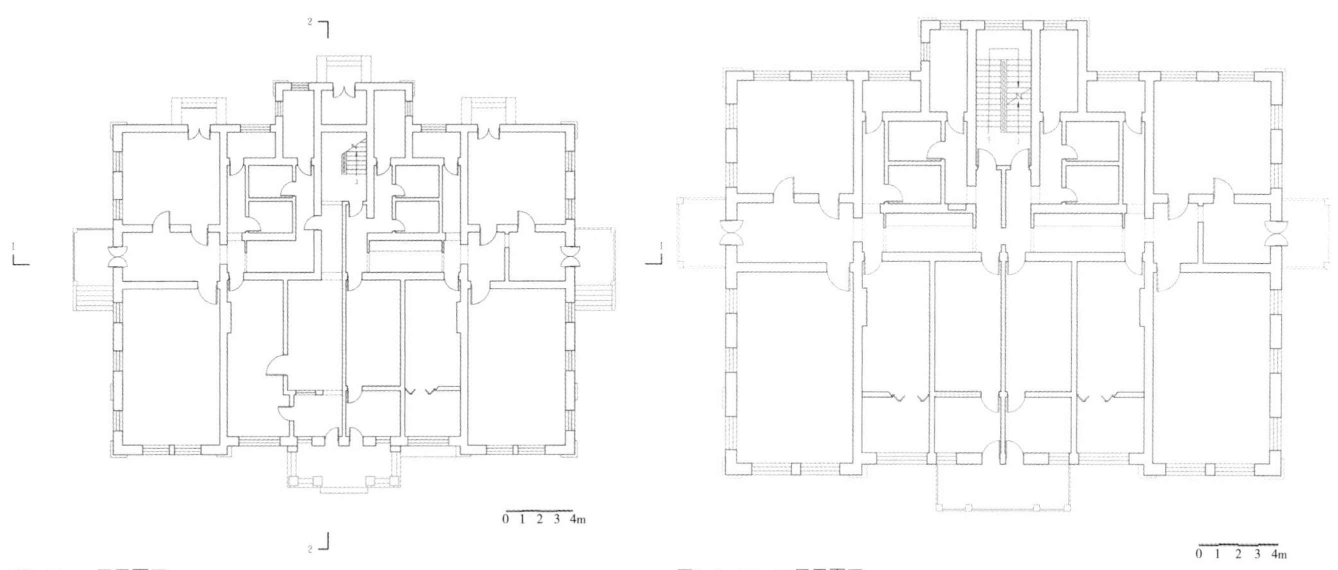

图1-7 一层平面图

图1-8 二、三层平面图

◆ 图1-7：平面采用对称式布局，规整实用，体现中华民族的“中庸”之道。

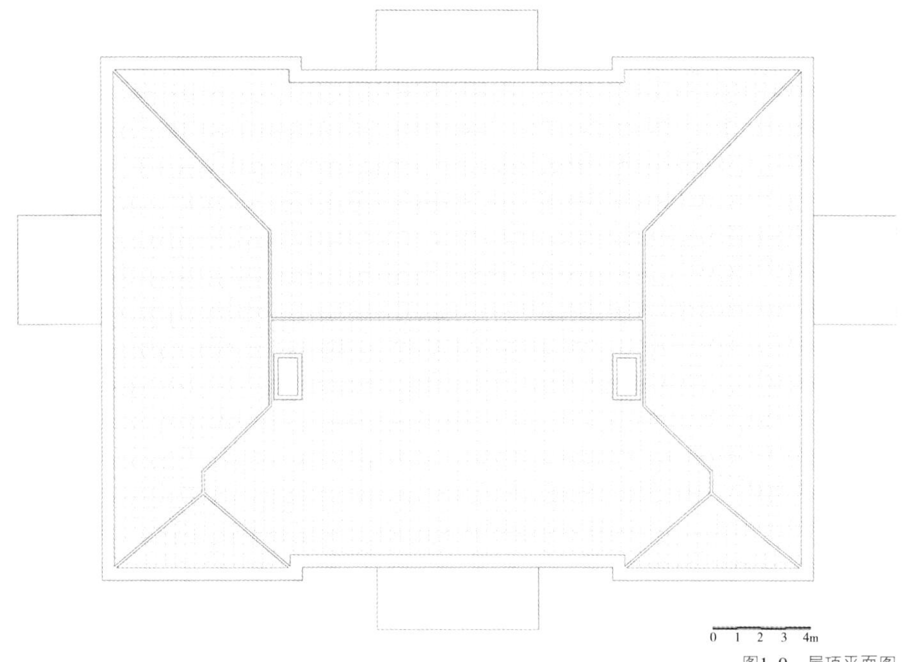

图1-9　屋顶平面图

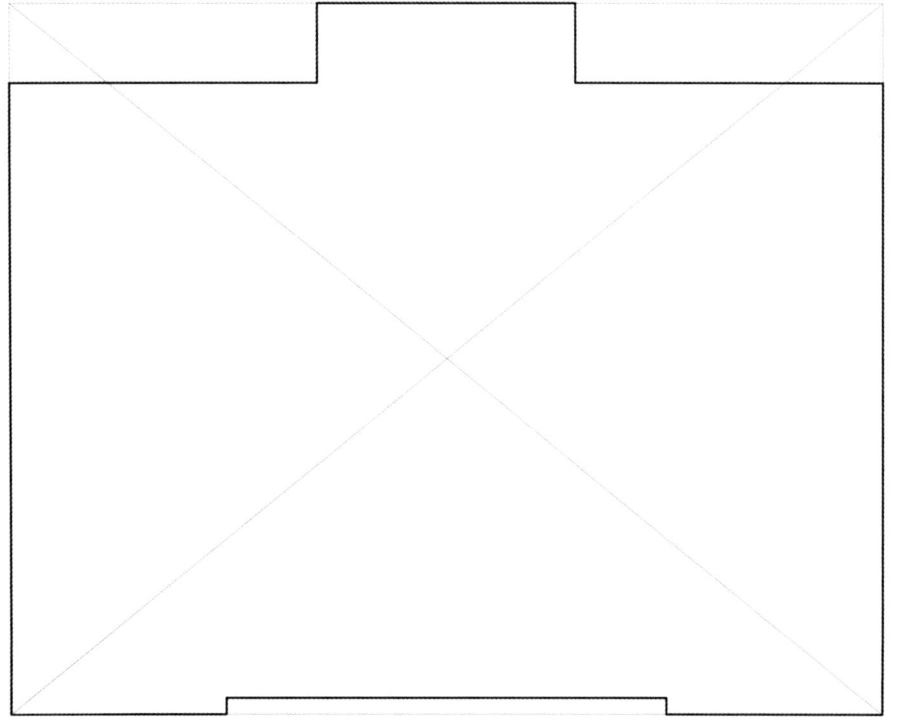
图1-10　平面几何关系

◆ 图1-11：正立面的连续券廊正是“殖民地式”建筑风格的典型特征。

图1-11 正立面图

图1-12 背立面图

图1-13　侧立面图

图1-14　体量关系

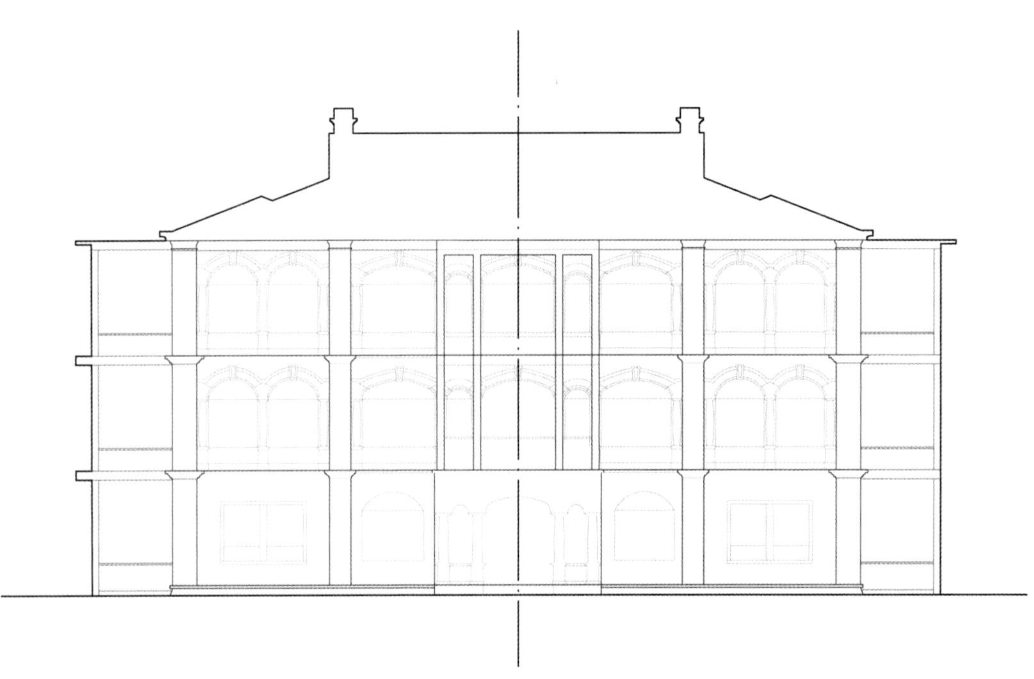

图1-15　对称与均衡

图1-16　重复与变化

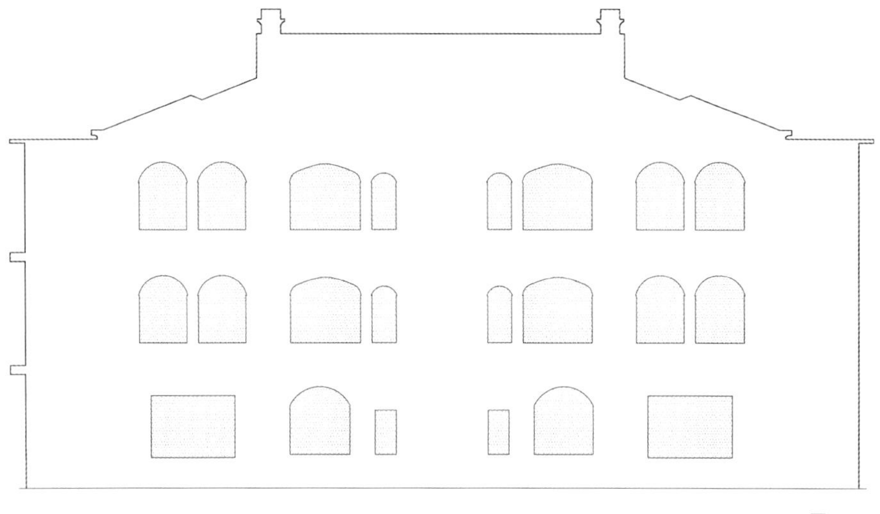

图1-17　韵律

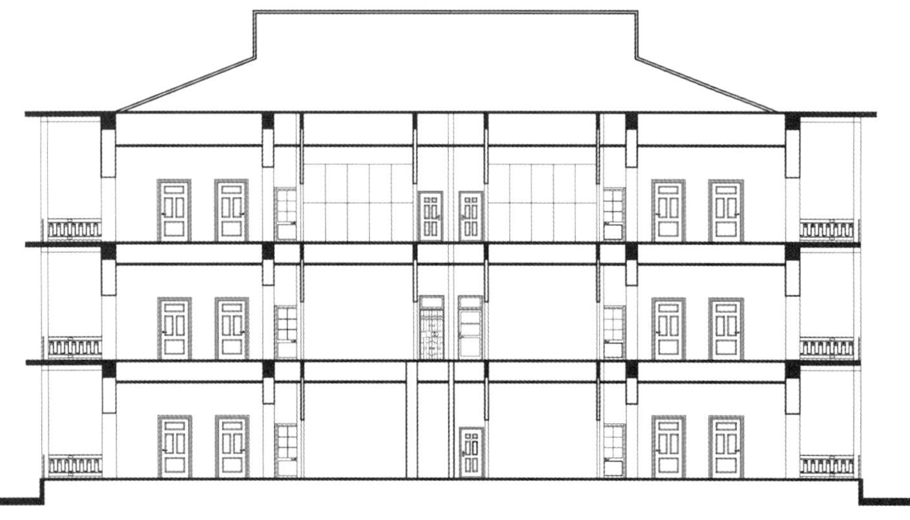

图1-18　1-1剖面图

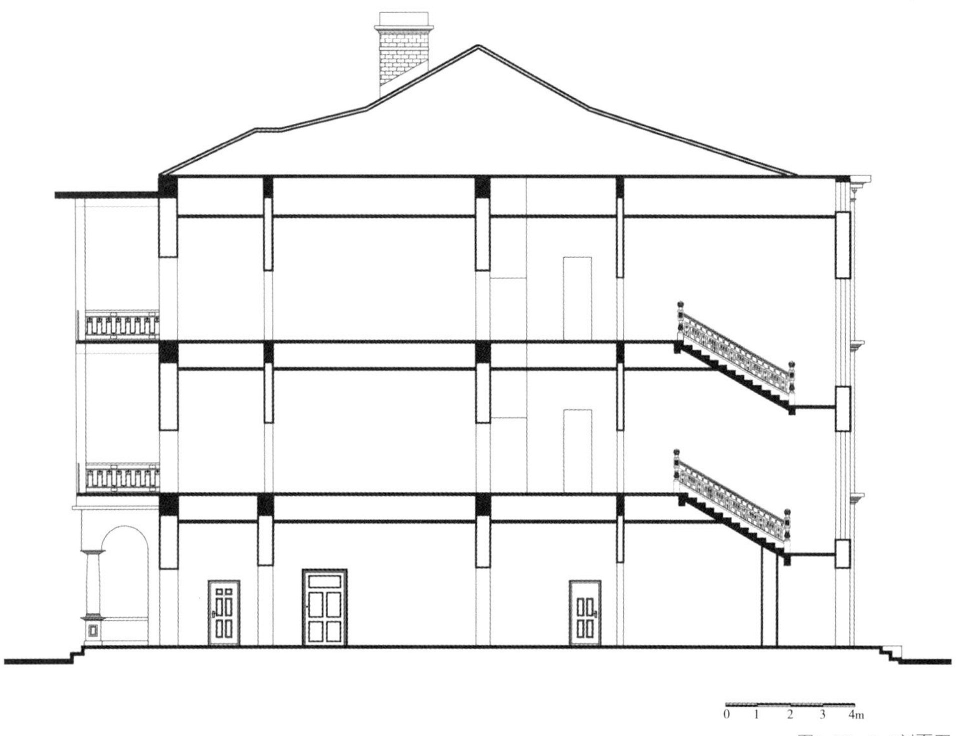

图1-19　2-2剖面图

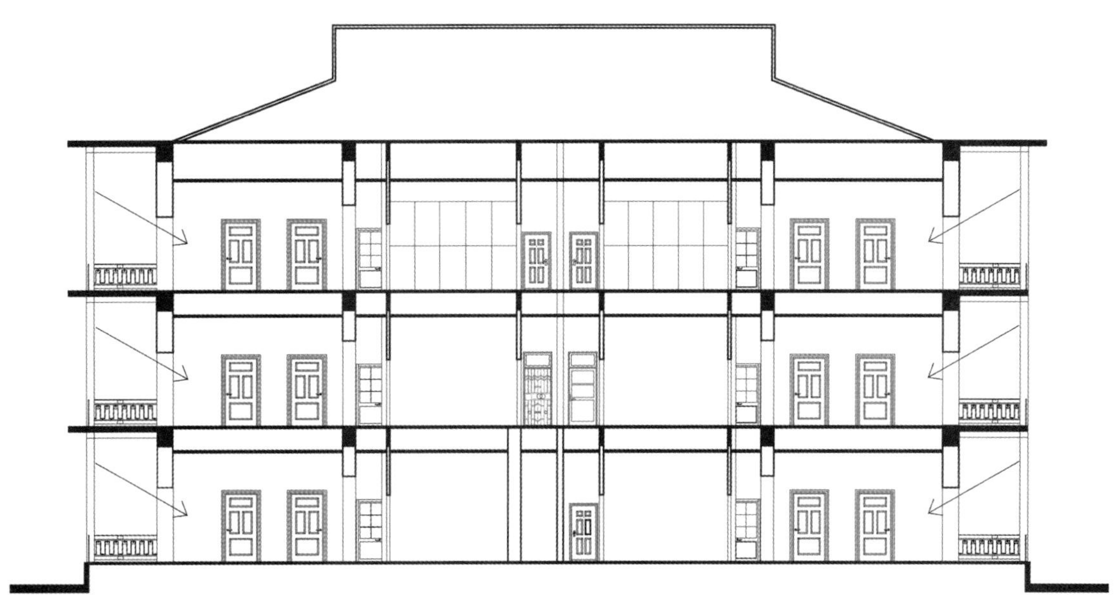

图1-20　采光分析

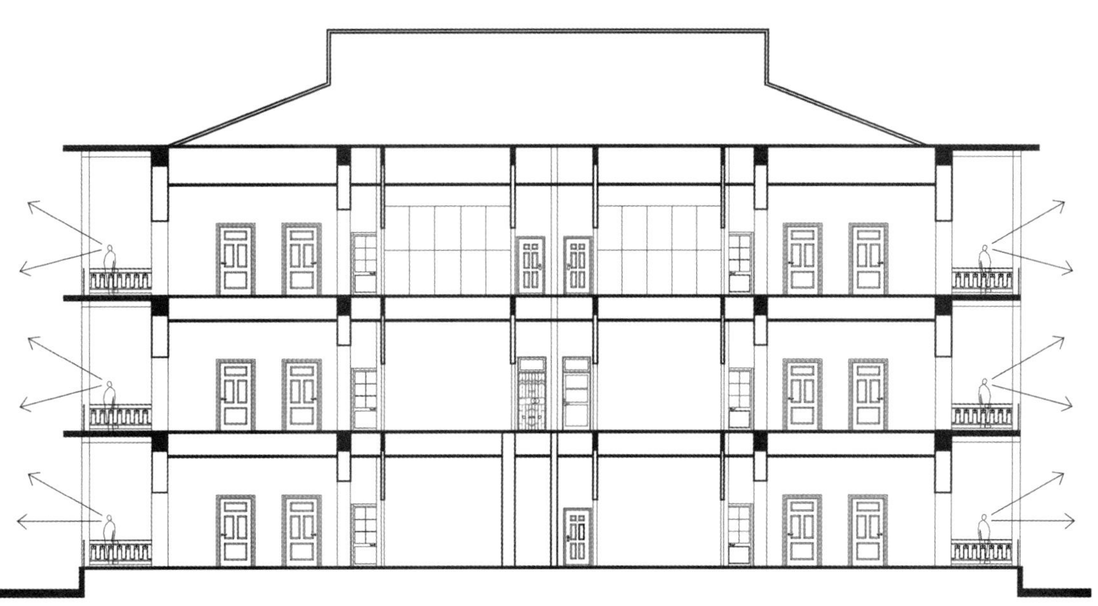

图1-21　视线分析

◆　图1-21：两侧突出的阳台设计让使用者的视线更加开阔。

02
第二章

第二章 汉口美最时洋行大楼

美最时洋行总行设在德国柏林，汉口分行设于1862年，经营进出口贸易和轮船、保险业务等。汉口美最时洋行大楼位于一元路2号，1908年建成，由汉协盛营造厂施工，主体为四层钢筋混凝土结构，局部五层，古典主义风格，整栋建筑格外庄重典雅、气派非凡。

第一节 历史沿革

汉口美最时洋行大楼历史沿革

时间	事件
1862年	德国美最时洋行在汉口开设了分公司，经营进出口业务，建有蛋厂、电灯厂和货栈，并经营保险和轮船业务。
1908年	在汉口今一元路口建成美最时洋行大楼。
1914—1918年	第一次世界大战时，汉口美最时洋行的德国人均撤离回国，财产托荷兰总领事馆代管，行址由北洋政府作为卢汉铁路局办公之用。直到战后，汉口美最时洋行才恢复营业。
1926年	北伐军攻占武汉三镇，武汉成为大革命的中心。此后国民政府从广州北迁武汉，被国民政府聘为总顾问的鲍罗廷也随政府要员来到武汉。美最时洋行大楼被用作鲍罗廷的住宿兼办公大楼，对外被称为“鲍罗廷公馆”。
1938年	武汉沦陷，美最时洋行的蛋厂、电灯厂以及货栈均被美机炸毁。美最时洋行的办公大楼却在美机的轰炸中幸免于难。武汉解放后，大楼收归国家所有，现为武汉市政府办公用房。
1998年	汉口美最时洋行大楼被公布为武汉市文物保护单位。

第二节 建筑概览

汉口美最时洋行大楼为古典主义风格建筑，立面为三段式构图，正面13开间，中间为凸出的5开间，两侧各有一间退后。这种独特的设计方式，使建筑在庄重沉稳中具有一种层次的变化，丰富了外立面的艺术感。立面对称，突出轴线，以古典柱式为构图基础，一层为拱券式窗户，其余除四层两侧分别有一个拱券式窗户之外，均为长方形窗，窗户上饰有锁石装饰，精美典雅。在二层与三层中部建有通贯两层的古罗马复合式廊柱，宏伟大气，而在两侧的窗间却变换为浅饰方形壁柱，重复中带有变化，并在廊柱两侧顶部建有一个平顶塔楼，使整个建筑体量富有变化。建筑底层为麻石砌筑，上部仿麻石饰面，每层之间腰线划分明显，檐口及女儿墙细部处理精致，具有传统建筑的

图2-1　汉口美最时洋行大楼透视图

韵味。建筑屋顶为红瓦坡顶，屋顶上还竖立有左右两个烟囱。

建筑主入口设在大楼中部，大门为拱券式，踏上麻石砌筑的16级台阶之后，来到空间高旷的门厅，直接进入二楼。主楼梯设在中间，经过重新装修后，已领略不到当年的风貌。一至三楼均有横向宽敞的内廊，内廊两边是空间高大的办公室，功能布局合理，流线清晰。

汉口美最时洋行大楼照片详见图2-1至图2-6所示。

图2-2　汉口美最时洋行大楼西立面图

图2-3　汉口美最时洋行大楼南立面图

图2-4　窗户

图2-5　檐口细部

图2-6　建筑细部

第三节　技术图则

依据建筑实测图纸，部分辅以三维建模，用技术图则方式解析汉口美最时洋行大楼建筑的环境布局、平面布置、功能流线、围护结构、采光及通风等规划建筑诸元素。汉口美最时洋行大楼技术图则详见图2-7至图2-23所示。

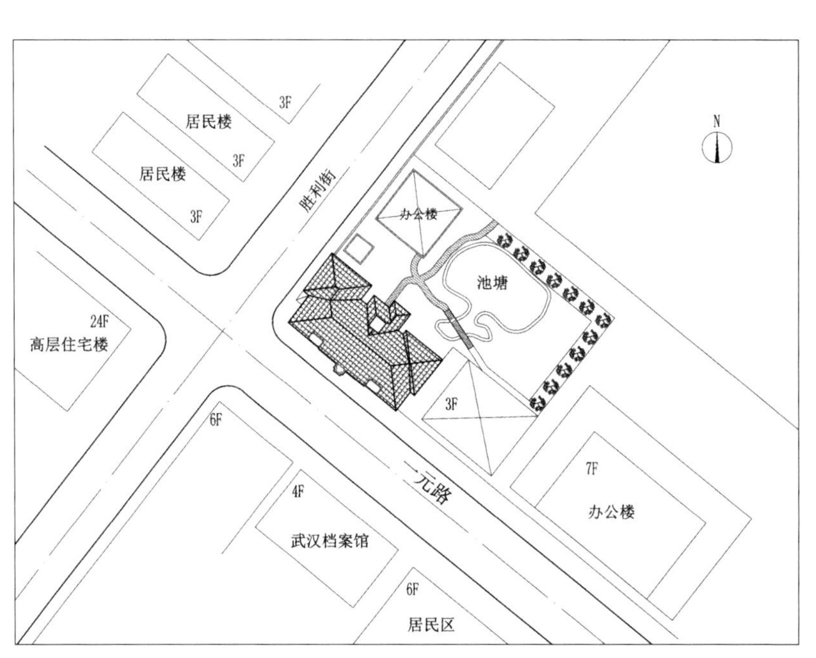

图2-7　街道关系

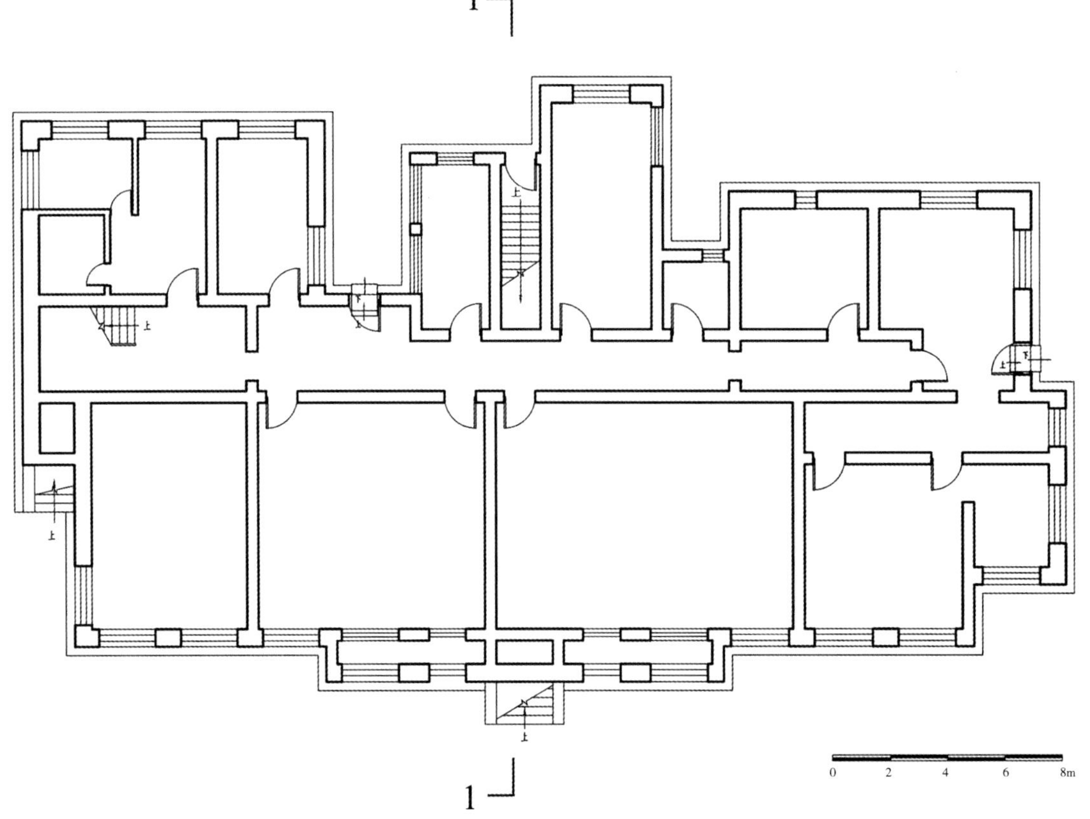

图2-8　一层平面图

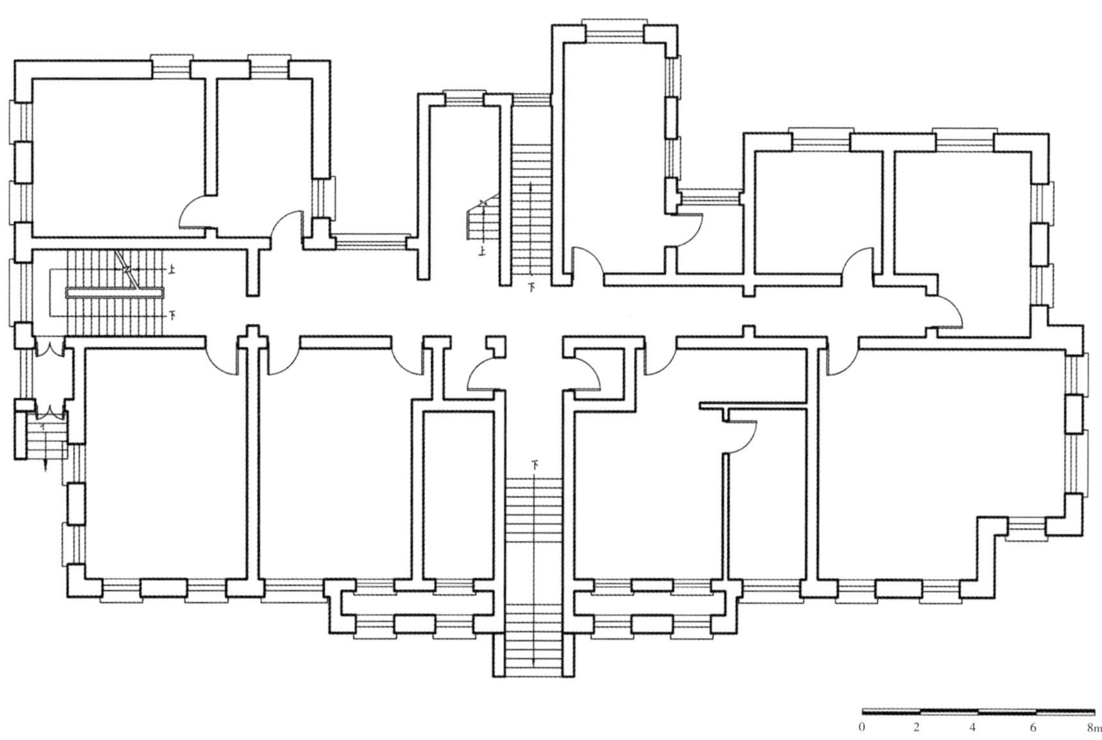

图2-9　二层平面图

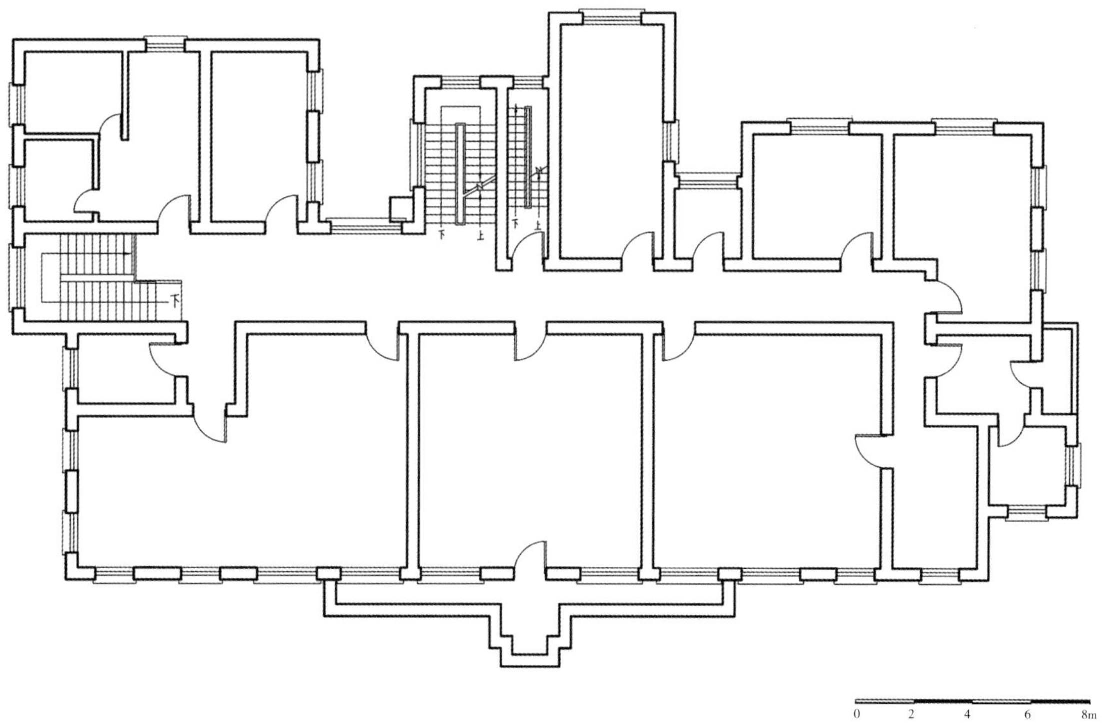

图2-10　三层平面图

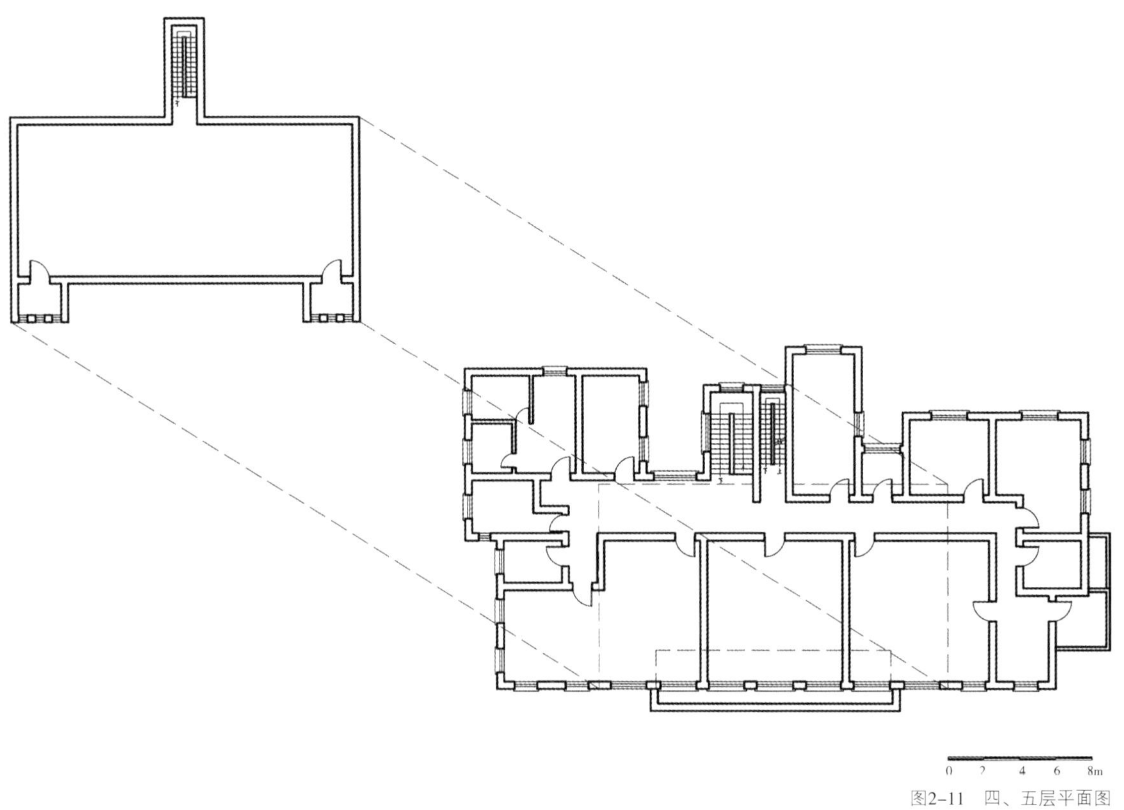

图2-11　四、五层平面图

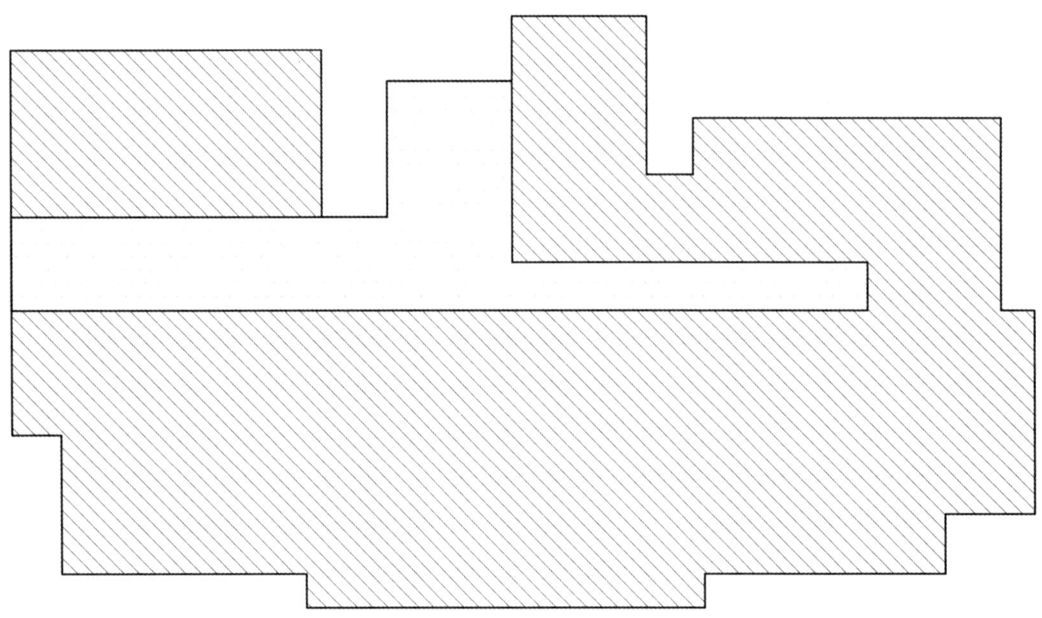

私密空间

公共空间

图2-12　公共与私密

◆ 图2-13：平面形态凹凸有致，这种设计手法有利于增加建筑空间的层次变化，更丰富了建筑外立面的视觉效果。

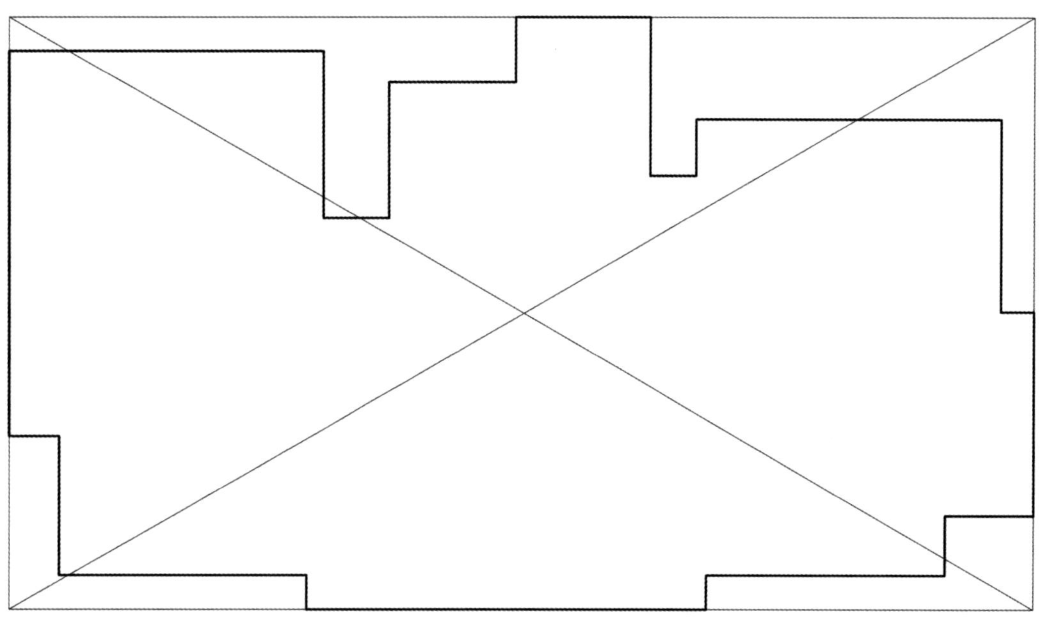

图2-13 几何关系

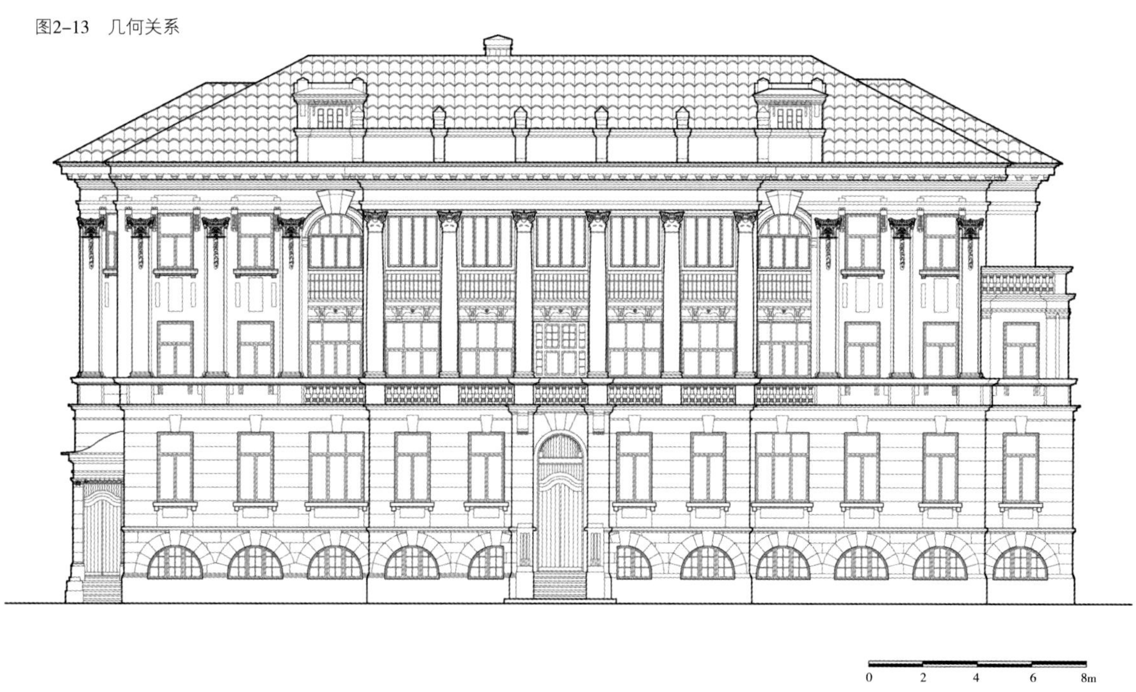

图2-14 南立面图

◆ 图2-14：正立面中部的古罗马柱式和两侧的方形壁柱，增添了整栋建筑古典主义色彩的氛围。

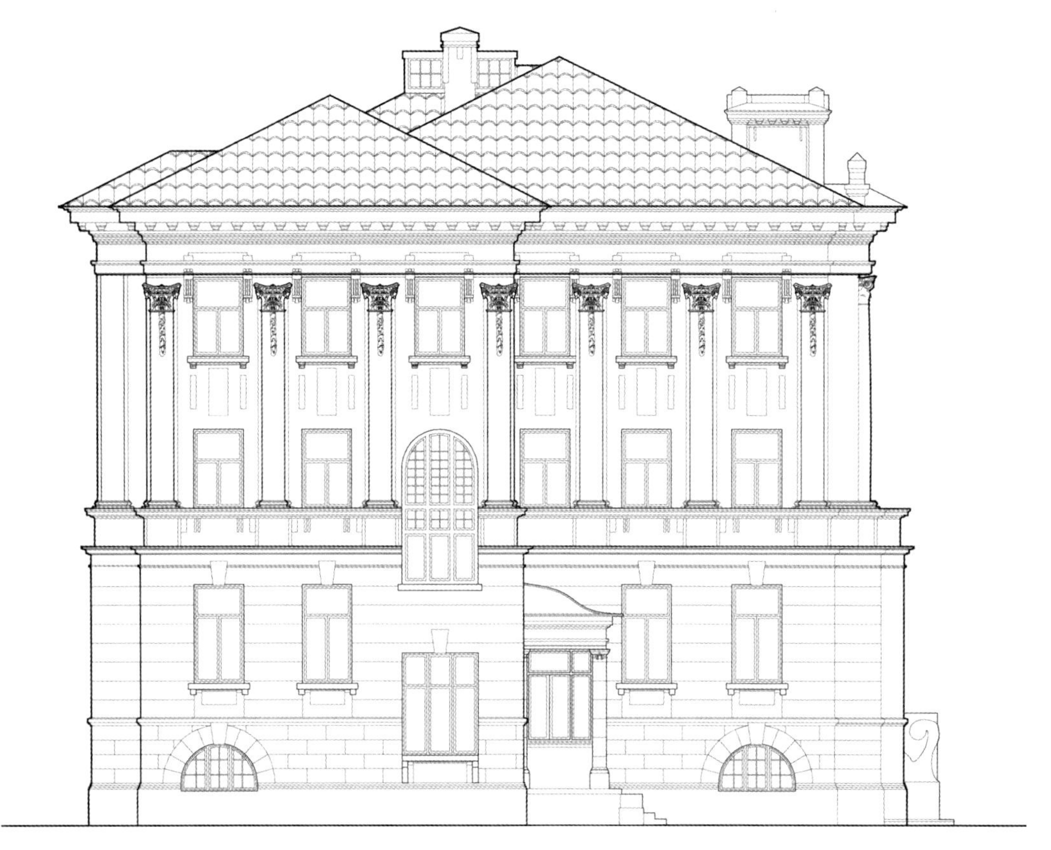

图2-15　西立面图

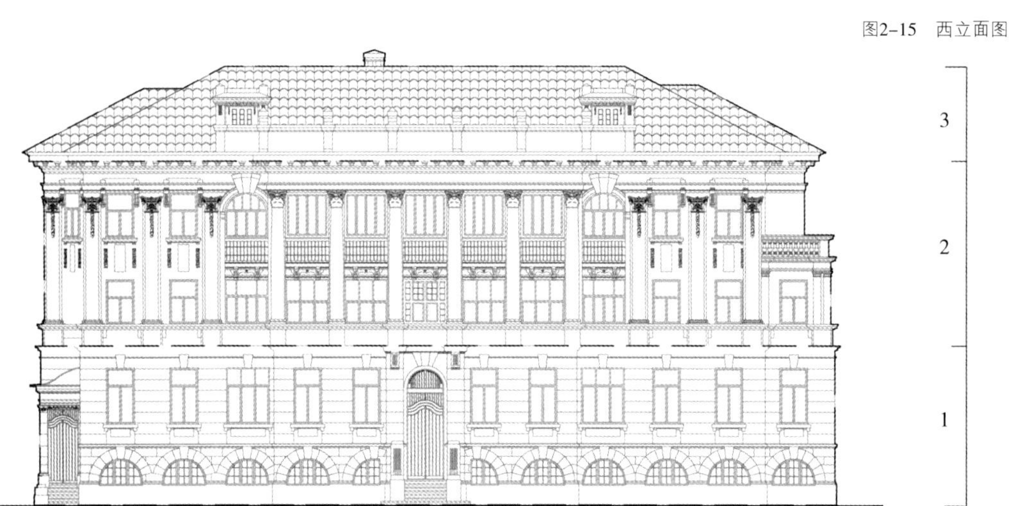

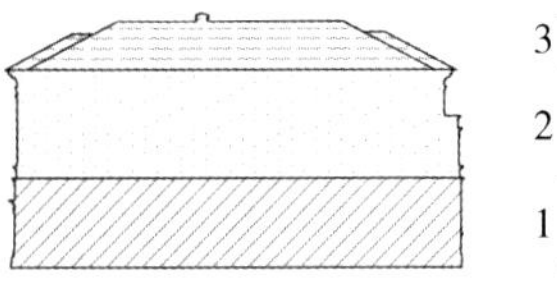

图2-16　纵向三段式构图

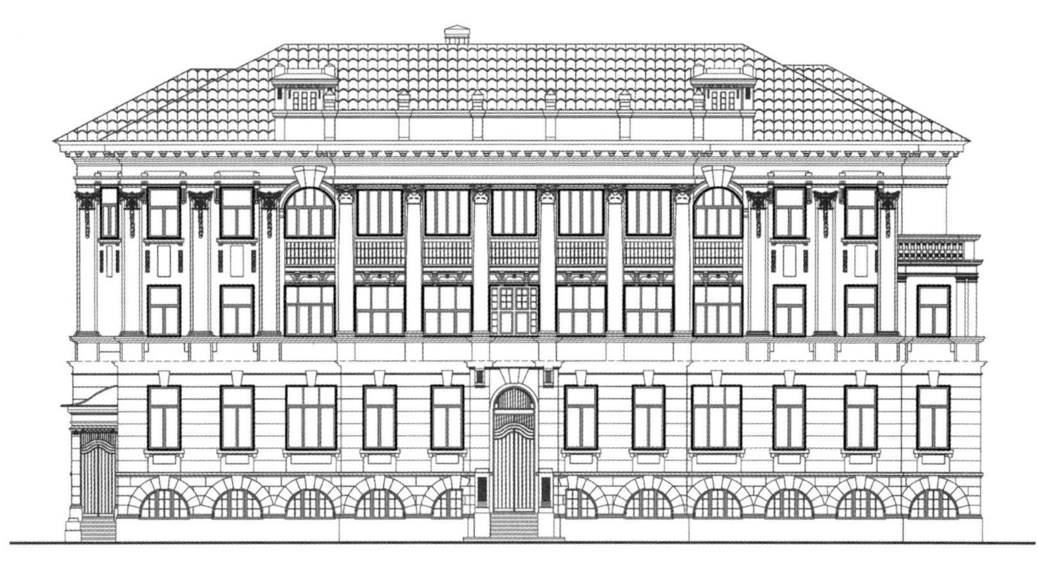

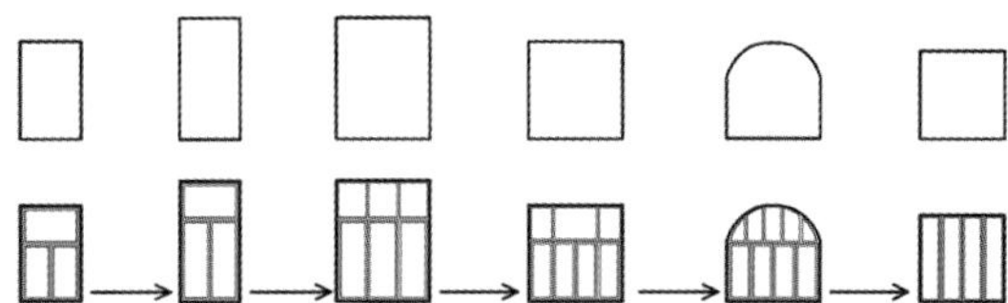

图2-17 重复与变化

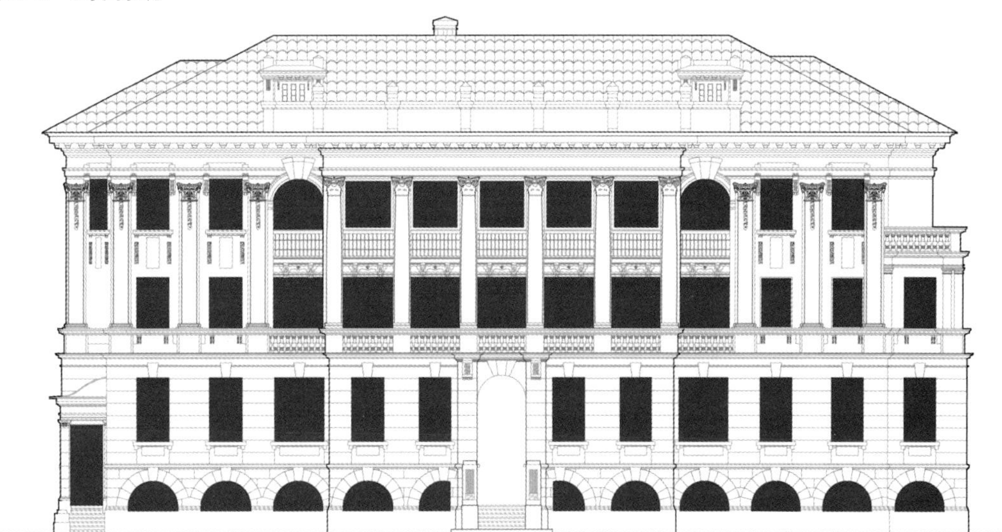

图2-18 立面凹凸

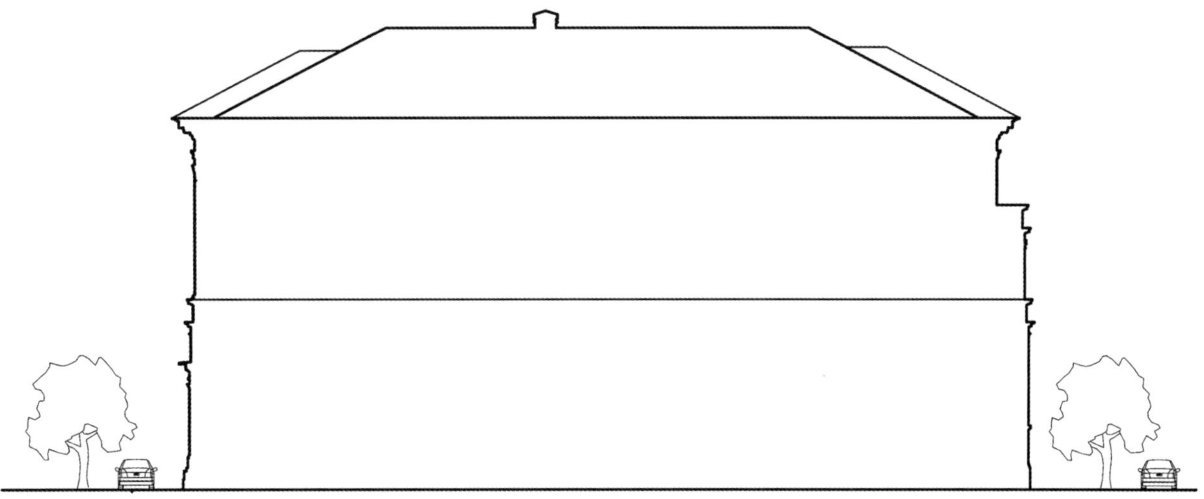

图2-19 体量关系

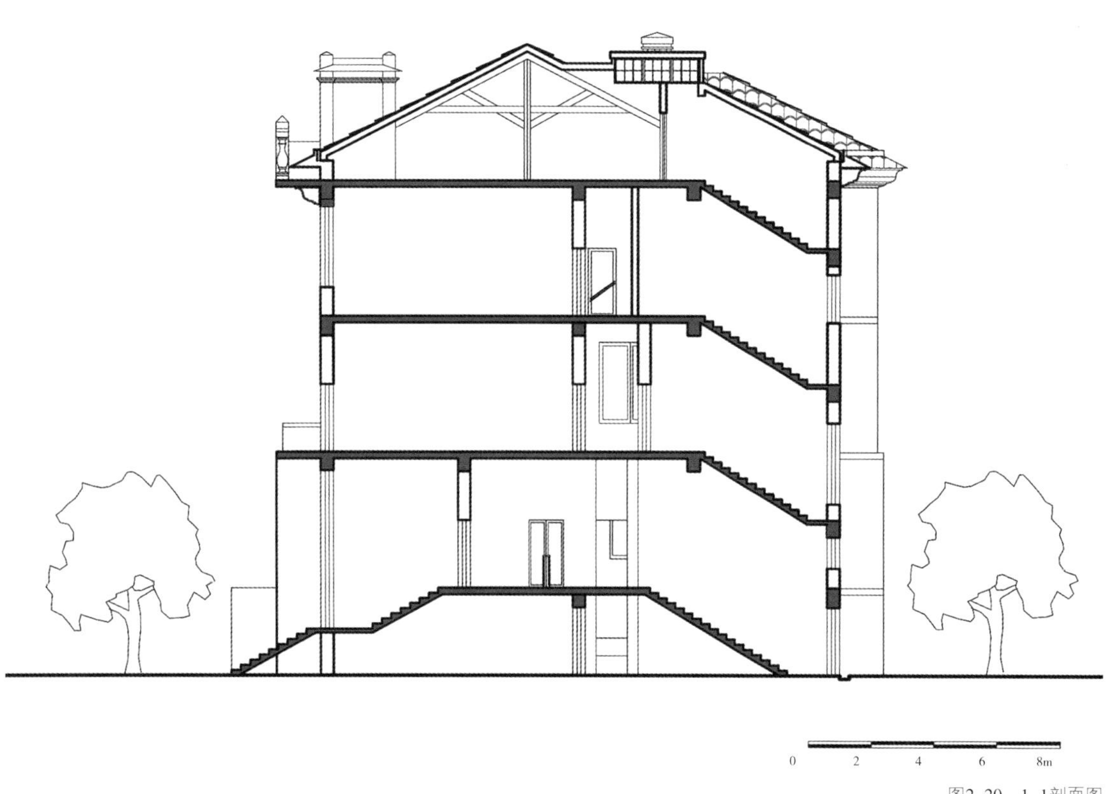

图2-20　1-1剖面图

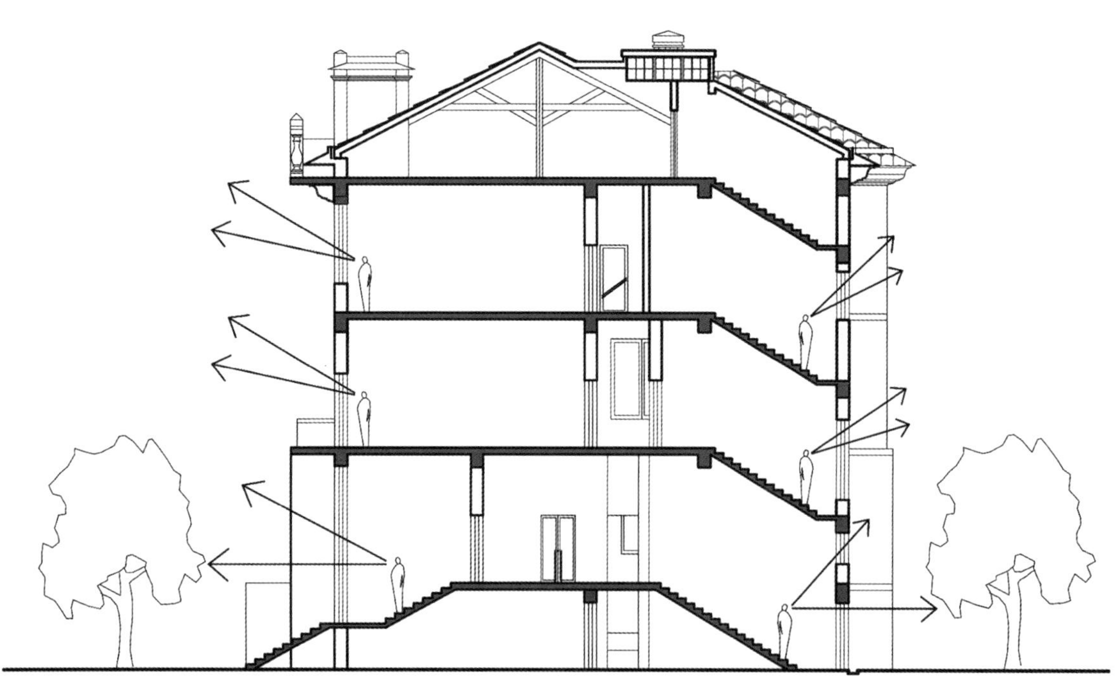

图2-21　视线分析

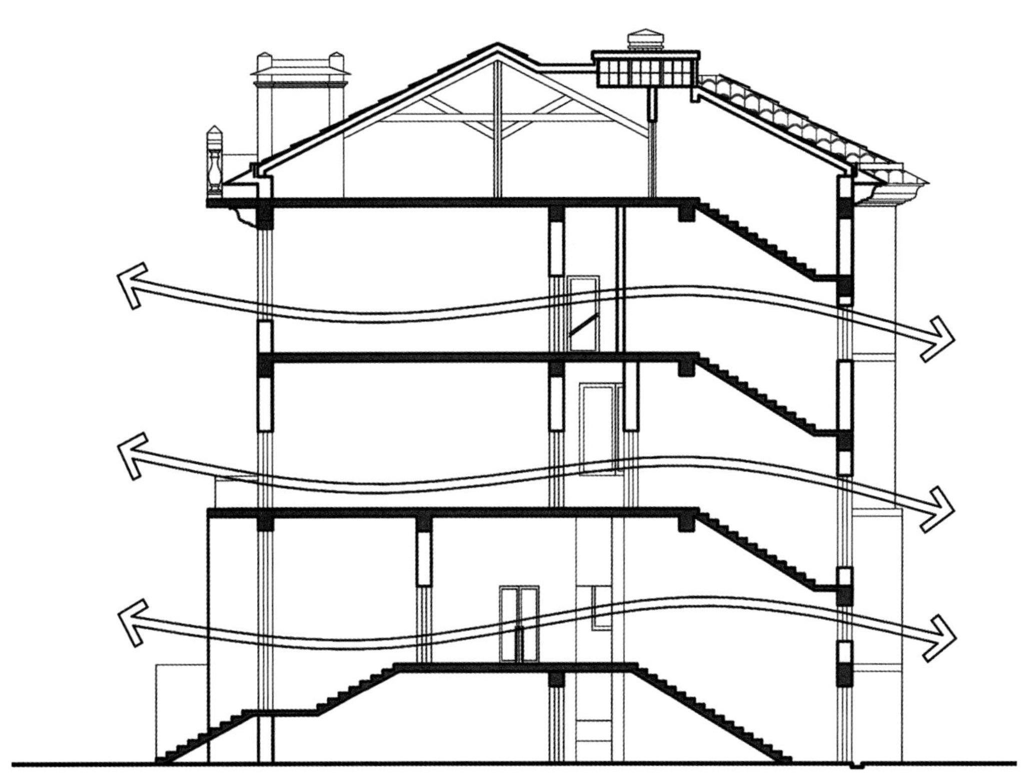

图2-22　通风分析

◆　图2-23：精美的柱式是古典主义建筑的一大特色。

注：每个格子代表100mm

（a）柱头大样（1）

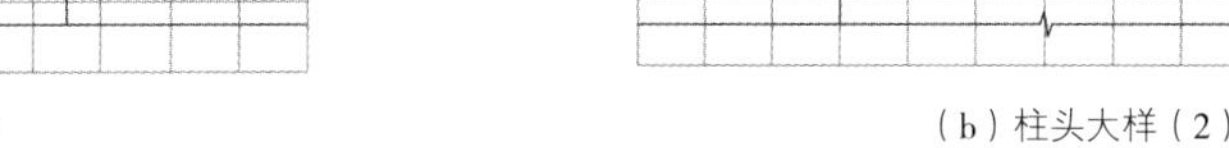

（b）柱头大样（2）

图2-23　柱头大样

03
第三章

第三章 保安洋行旧址

1910年，英国保安保险公司在汉开设保安洋行，主要经营各项保险业务，1922年停办。保安洋行旧址位于汉口青岛路8号，1914年建成，由景明洋行设计，汉协盛营造厂施工，属折衷主义风格建筑。建筑大楼原五层，后加建一层，现为万友风庭酒店。

第一节 历史沿革

保安洋行旧址历史沿革

时 间	事 件
1910年	英国保安保险公司于1910年在汉口开设保安洋行，是英国来华最早成立的两家保险公司之一。
1914年	保安洋行大楼在今青岛路8号建成。
1945年	保安洋行交由国民政府接收，标价卖出。
1949年	保安洋行由政府收管，拨给武汉市税务局作办公地，并在房屋后的空地上加建了一栋礼堂。
1993年	保安洋行被公布为优秀历史建筑。
2011年	保安洋行被公布为武汉市文物保护单位。

第二节 建筑概览

保安洋行旧址两个沿街立面相同，立面为三段式构图，取消了古典柱式，具有法国文艺复兴建筑特征。转角处的楼体以浪漫优雅的圆柱体作为主体，这个半圆体是整幢楼的中轴线，建筑往两边延伸开来，分列于两条近直角相交的街道旁，楼内有自二层开始直上五层的半圆形转角楼梯。建筑在青岛路和洞庭街交会处设主入口，大门为拱券门，门框装饰有凹凸雕花，门楣上以漂亮的三角形石头装饰托起。入口上方用装饰精美的牛腿支撑挑出的雨篷，二层局部有挑出的阳台，三、四层有内廊，用爱奥尼柱式进行竖向划分。凹凸的墙面上拱券窗和方框窗间隔，层层重叠而上，腰线和檐口上的雕花十分精美，楼顶上还建有圆形塔楼。立面显得活泼有变化，是汉口近代折衷主义建筑中的经典作品。现在这幢大楼的二层以上被改造为精品酒店，一层被分租出去，变成咖啡馆和小卖部。

保安洋行旧址照片详见图3-1至图3-8所示。

图3-1　保安洋行旧址透视实景图

图3-2　保安洋行旧址沿洞庭街立面实景图

图3-3　保安洋行旧址沿青岛路立面实景图

图3-5　建筑细部

图3-4　保安洋行旧址转角处实景图

图3-6　阳台

图3-7 入口

图3-8 文物保护标志牌

第三节 技术图则

依据建筑实测图纸，部分辅以三维建模，用技术图则方式解析保安洋行旧址建筑的环境布局、围护结构等规划建筑诸元素。保安洋行旧址技术图则详见图3-9至图3-16所示。

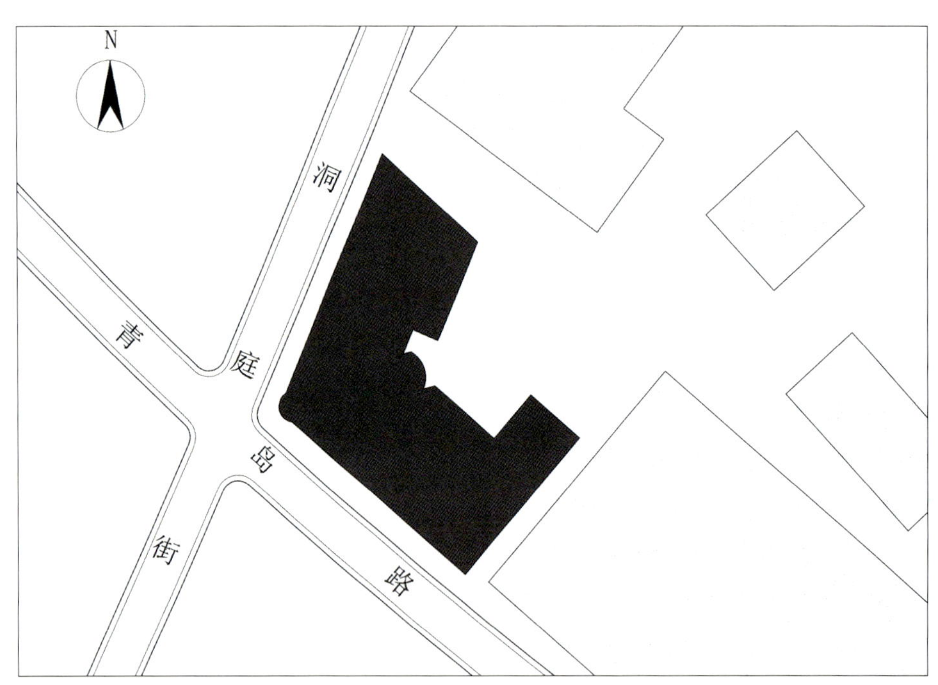

图3-9 街道关系

◆ 图3-10：三层以上采用爱奥尼柱式进行竖向划分，罗马风格样式的拱形窗和方窗混合并用，多种设计手法的混合并用正是折衷主义风格的表现。

0 2 4 6 8m

图3-10 立面图

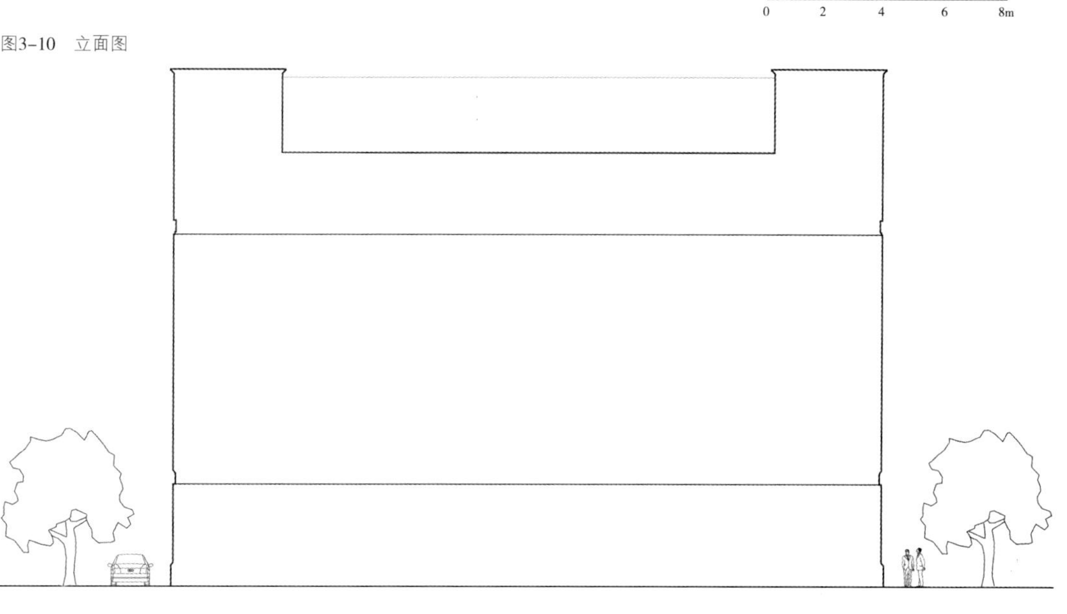

图3-11 体量关系

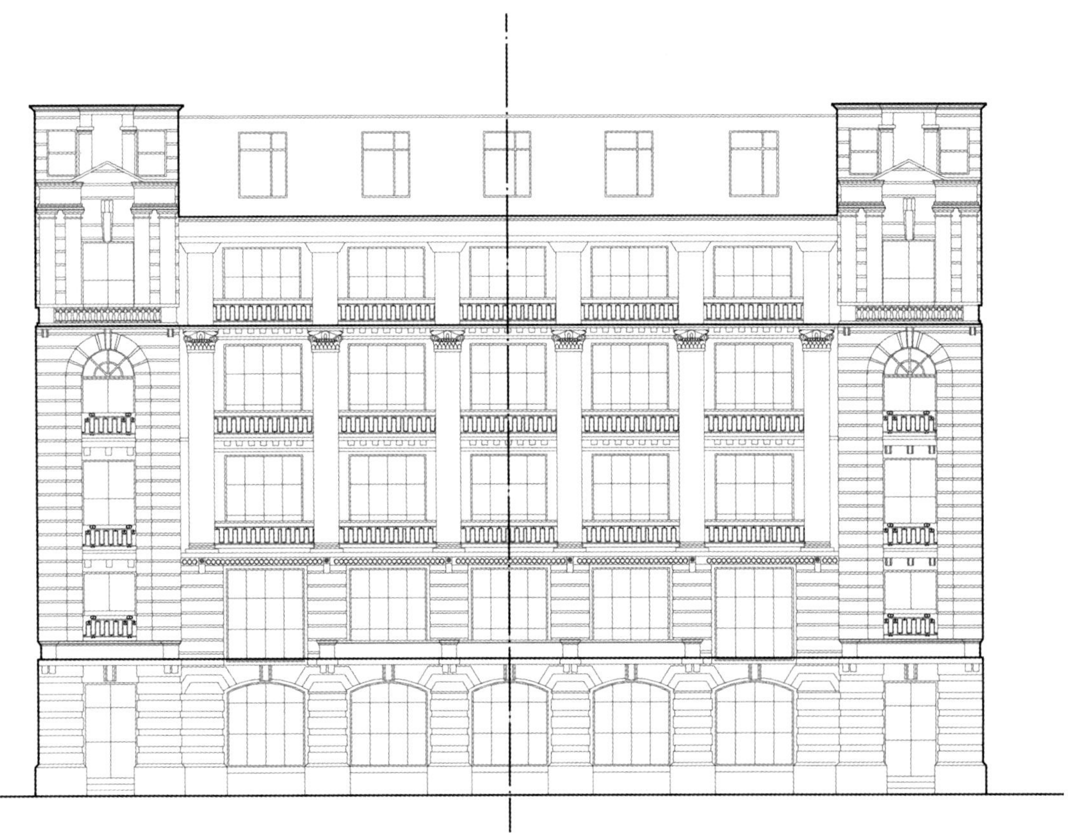

图3-12　对称与均衡

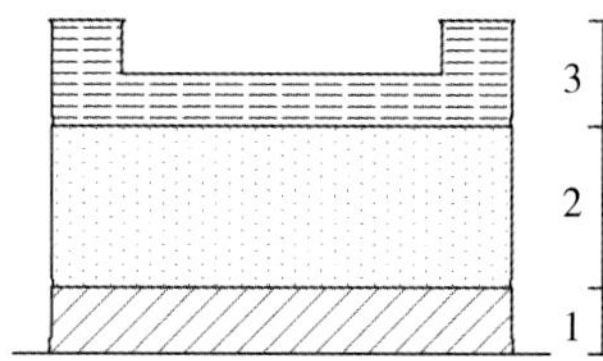

图3-13　竖向三段式构图

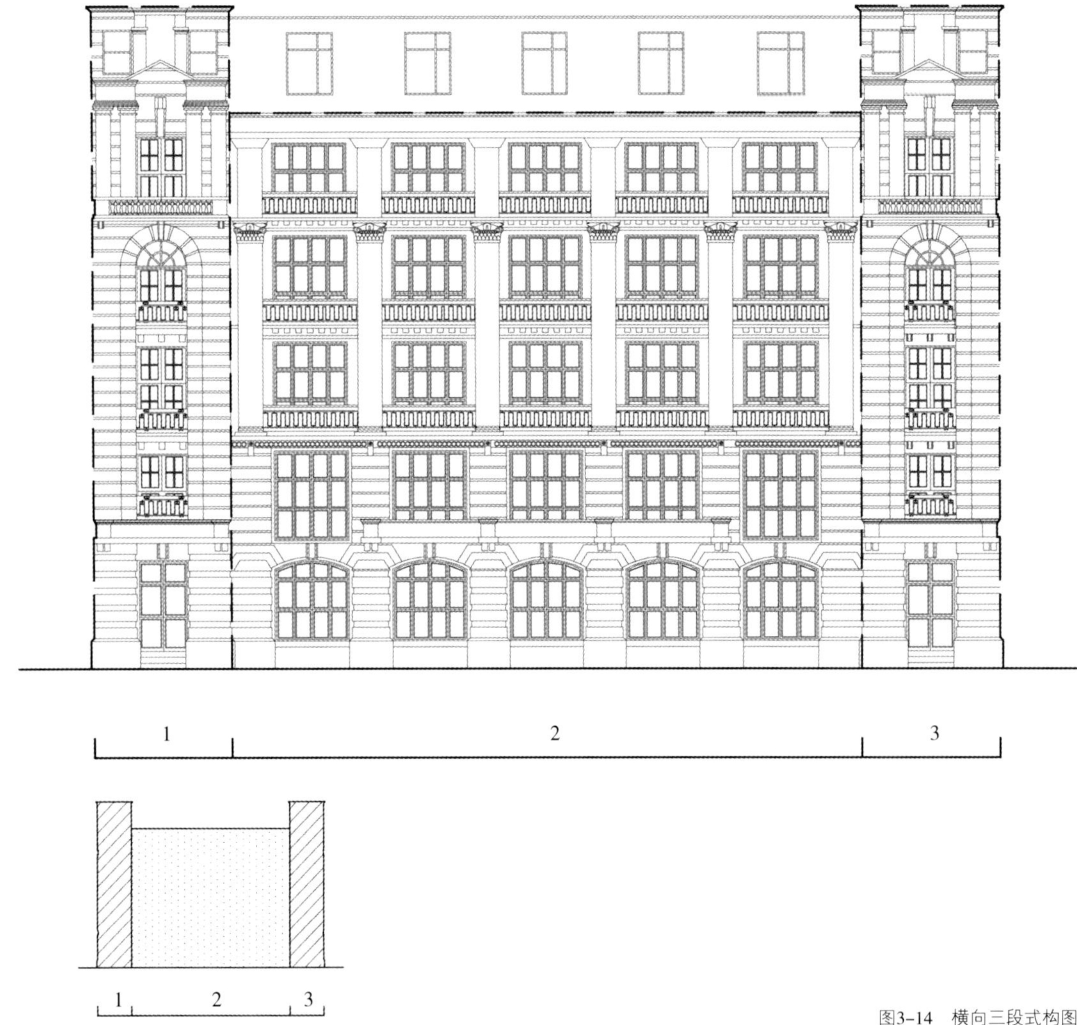

图3-14　横向三段式构图

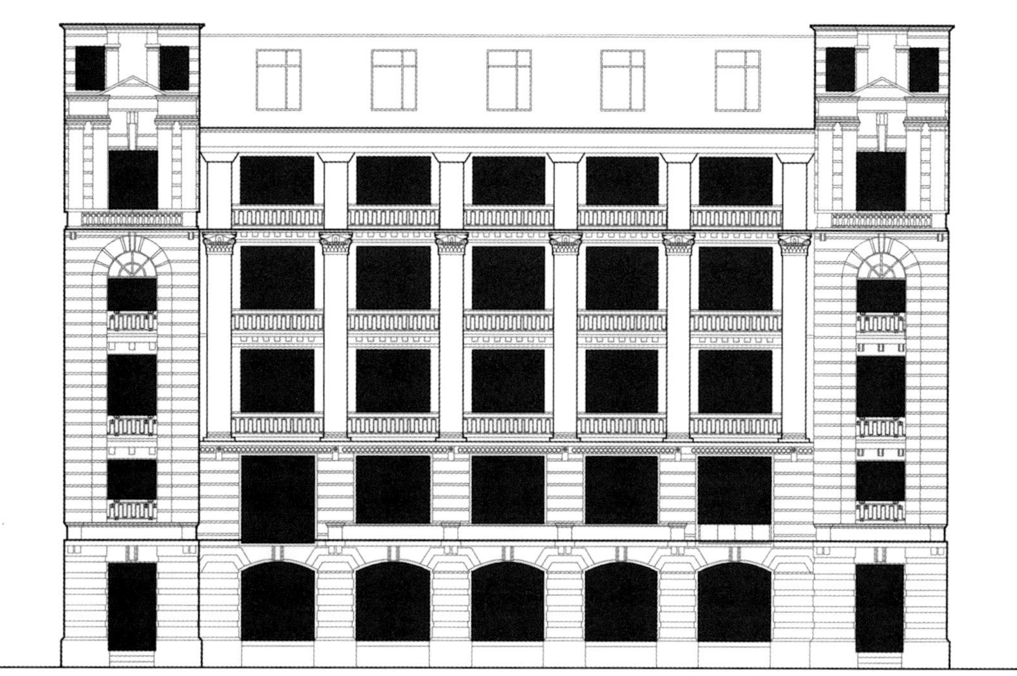

图3-15　立面凸凹

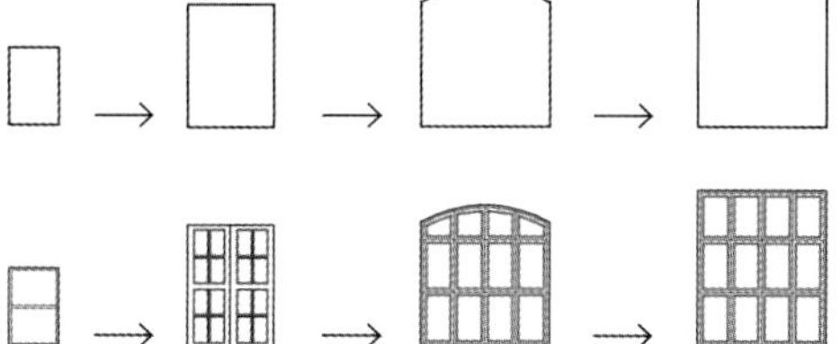

图3-16　重复与变化

04
第四章

第四章 惠罗公司旧址

惠罗公司创立于1882年，总部设在英国伦敦，是近代知名的百货公司之一。1904年设立上海分公司，后在天津、汉口等地开设分公司。汉口惠罗公司旧址位于江岸区黎黄陂路7号，黎黄陂路与洞庭街转角处，建成于1915年，三层砖混结构，属于晚期复古主义风格建筑。2016年2月被公布为武汉市第十批二级优秀历史建筑。

第一节　历史沿革

惠罗公司旧址历史沿革

时　间	事　件
1882年	惠罗公司成立，总部设在英国伦敦，是近代知名的百货公司之一。
1904年	设立上海分公司，后在天津、汉口等地开设分公司。
1909年	英国商人杜百里从俄国茶商巴诺夫手中买下了三教街（也就是今天的鄱阳街）一带地皮，并亲自主持在这块地面上修建了惠罗公司大楼。
1915年	惠罗公司即惠罗洋行建成，主要经营茶叶、麻丝等。 图4-1　惠罗公司老照片（图片来源：武汉老明信片）
1927年	中共中央在惠罗公司大楼鄱阳街侧的公寓召开了著名的八七会议。
2016年2月	被列为武汉市第十批二级优秀历史建筑。

第二节　建筑概览

惠罗公司旧址平面呈L形，转角处弧面设主入口。建筑外墙水刷石饰面，立面做简洁的三段式处理，底层略有凸出，二、三层大面积的方窗体现出现代式的风格，窗户间由两层通高的壁柱划分，柱头精美。大楼转角顶部设有拜占庭式穹顶塔楼，成为视线的焦点。楼梯

和内厅的建构设计很是讲究，有典型的英式贵族派头，是当年汉口最贵的商埠之一。惠罗公司旧址目前正处于修缮当中，与八七会议旧址纪念馆一起共同保护。

惠罗公司旧址照片详见图4-2至图4-5所示。

图4-4　塔楼细部

图4-2　惠罗公司旧址透视实景图

图4-3　南立面实景图

图4-5　一层走廊细部

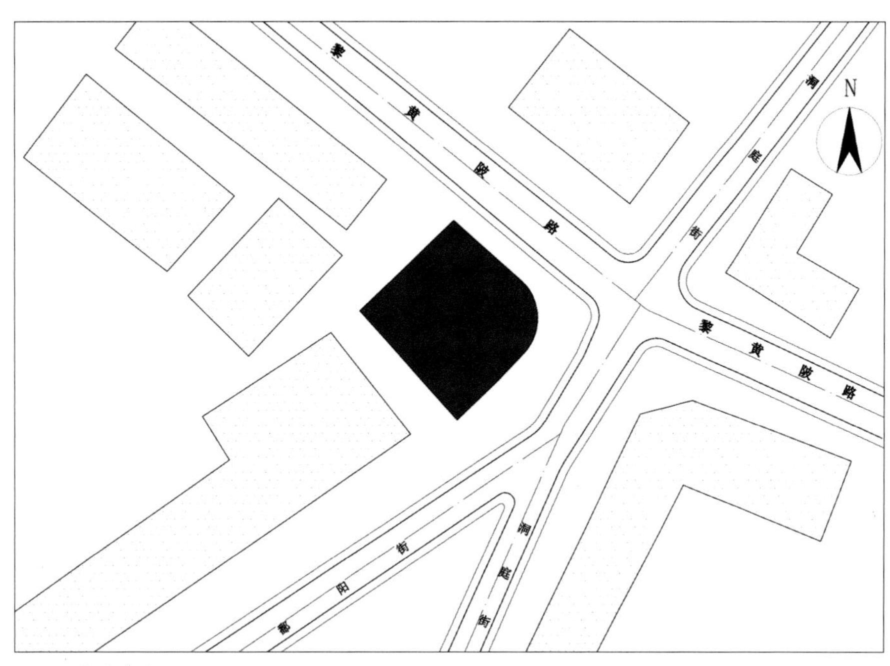

图4-6　街道关系

第三节　技术图则

依据建筑实测图纸，部分辅以三维建模，用技术图则方式解析惠罗公司旧址建筑的环境布局、平面布置、功能流线、围护结构、采光及通风等规划建筑诸元素。惠罗公司旧址技术图则详见图4-6至图4-16所示。

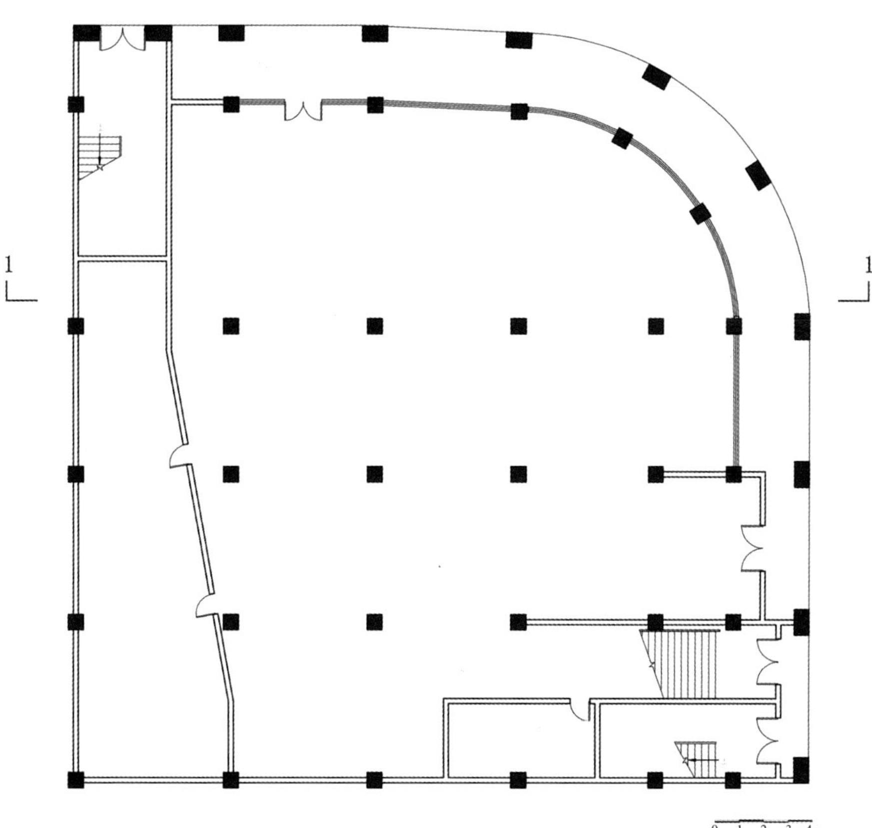

图4-7　一层平面图

◆ 图4-7：惠罗公司是当年有名的百货公司，底层的大空间设计正是出于商业性的需求。

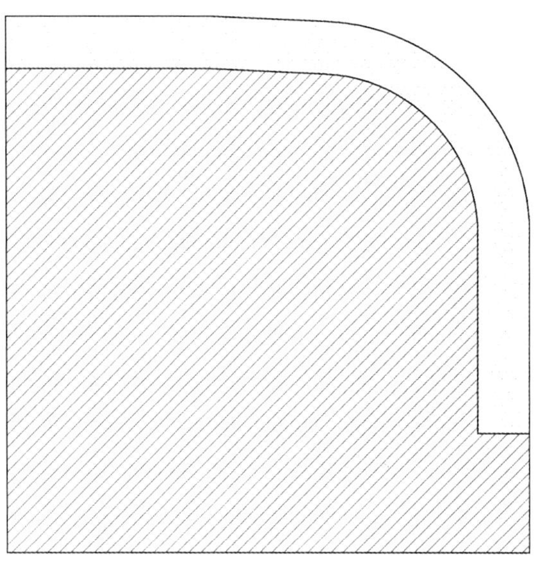

图4-8　灰空间

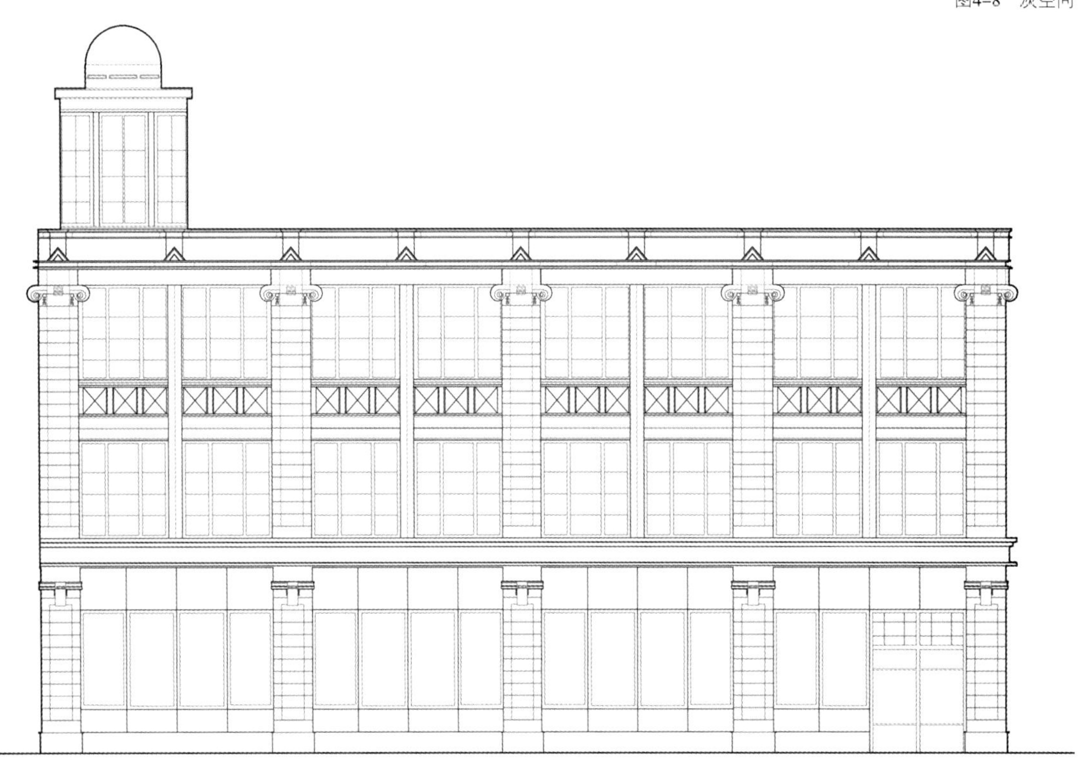

图4-9　正立面图

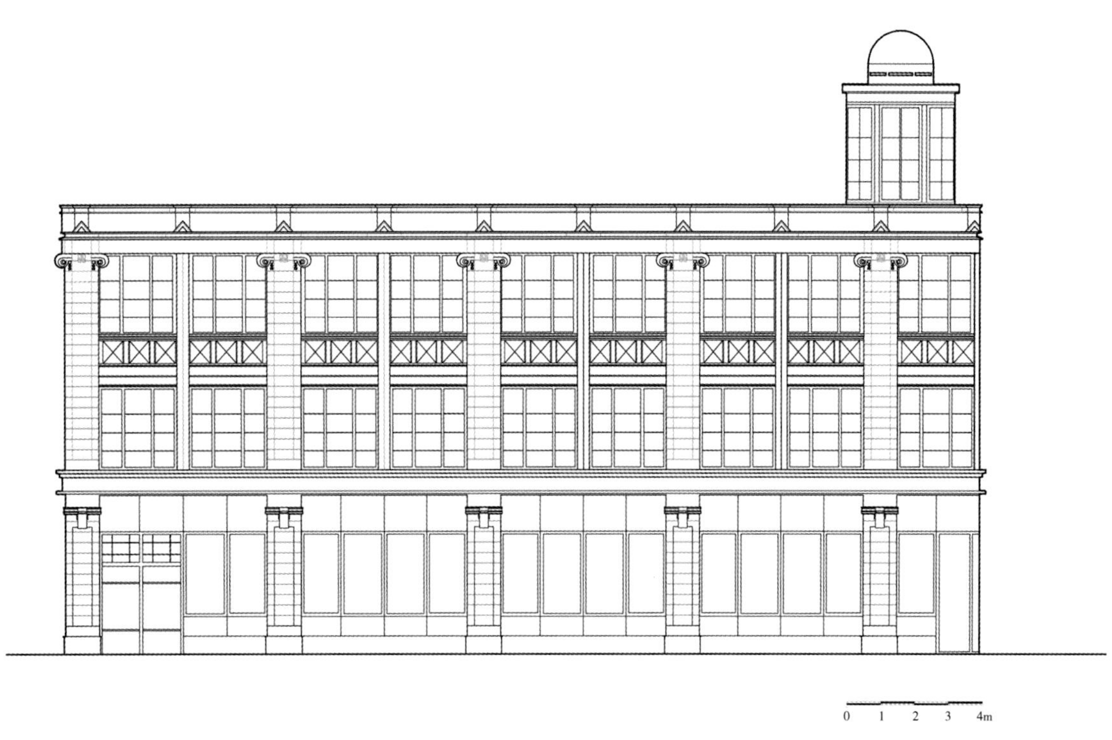

图4-10　侧立面图

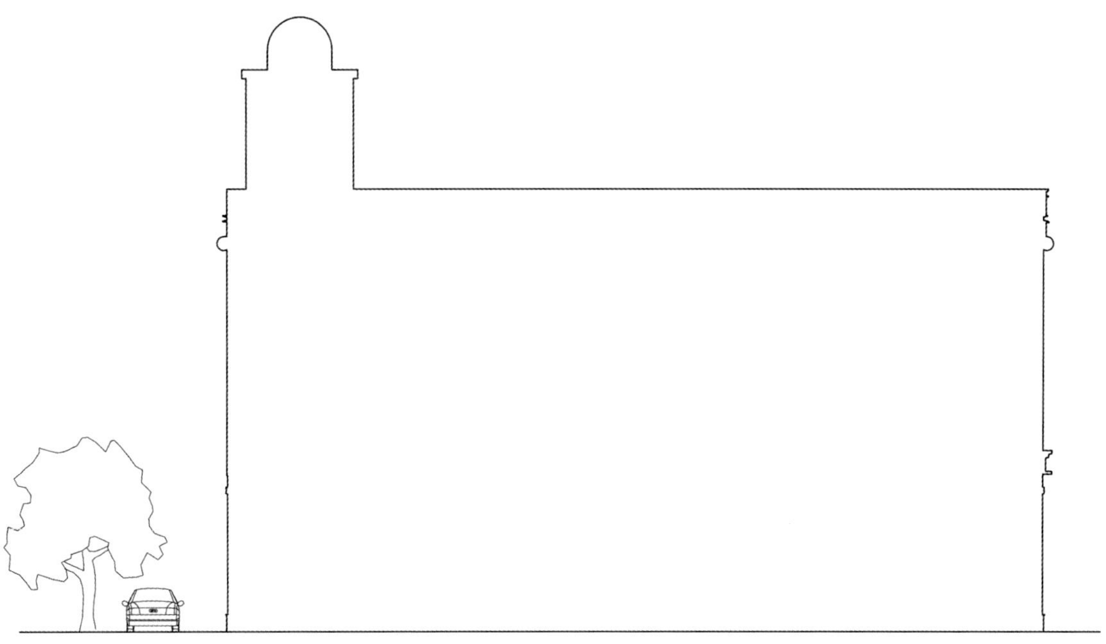

图4-11　体量关系

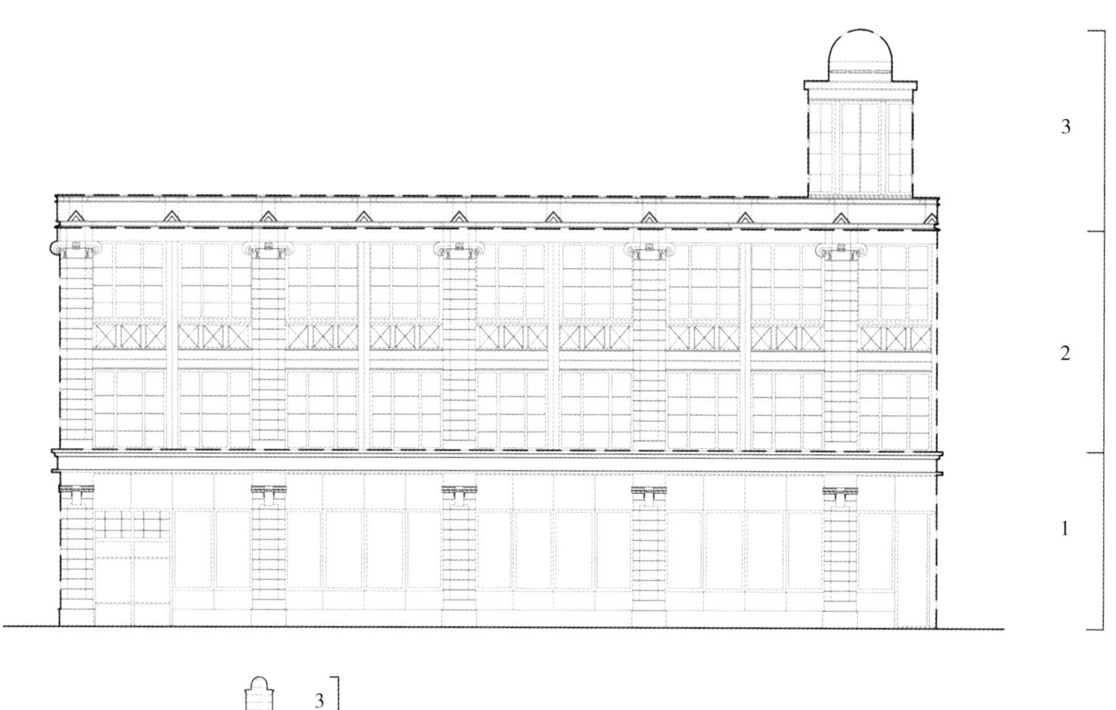

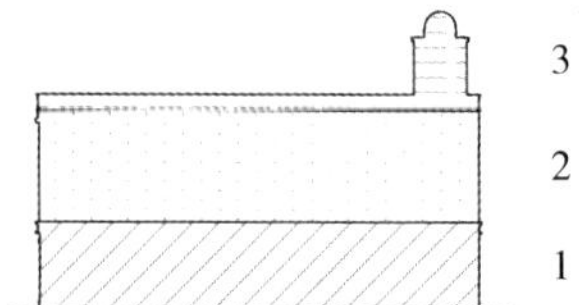

图4–12　竖向三段式构图

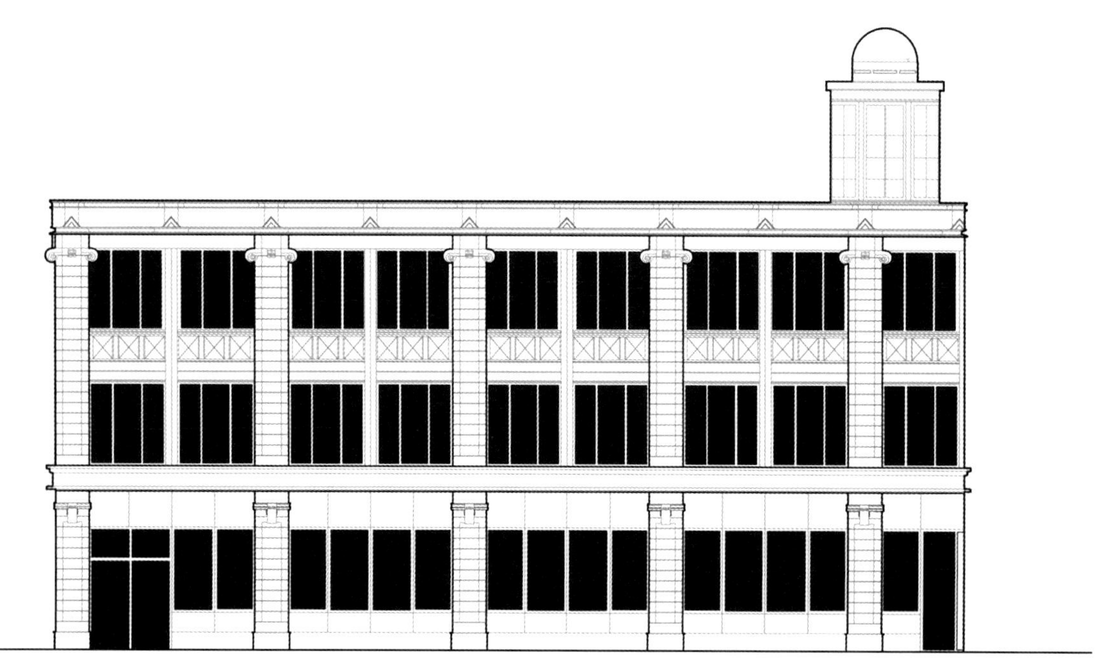

图4–13　立面凸凹

图4-14　韵律

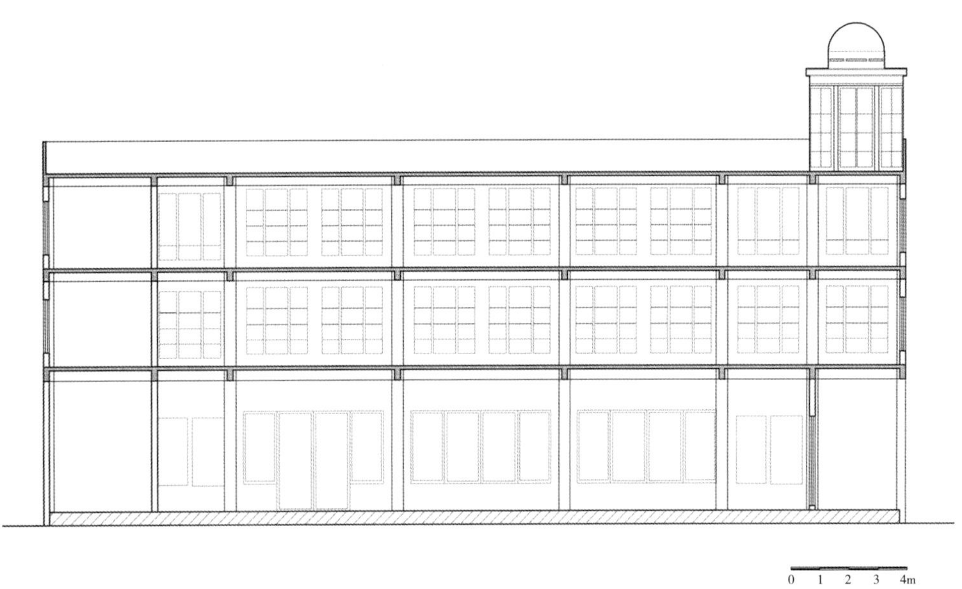

图4-15　1-1剖面图

图4-16　视线分析

05
第五章

第五章 宝顺洋行汉口分行

宝顺洋行又称颠地洋行，总行在英国，是汉口开埠后较早进入的洋行，主要经营进出口贸易，大量收购茶叶。宝顺洋行汉口分行位于天津路5号，建于1916年前后，三层砖木结构，由汉合顺营造厂承建。大楼采用红砖清水墙，砖拱木窗，红瓦坡屋顶，装饰构件精美。

第一节 历史沿革

宝顺洋行汉口分行历史沿革

时 间	事 件
1861年	天津路原名宝顺路。早期的英租界当局财政匮乏，而宝顺洋行则伸出援助之手，提供了大量的贷款，于是便将一条路命名为宝顺路。
1863年	英国宝顺洋行在汉口英租界今天津路建宝顺栈五码头，为汉口港首座轮船码头。
1865年	租界当局利用宝顺洋行的借款修建了英租界长江边的大堤，沿着堤的内侧修路，称为河街，即今天汉口沿江大道。
1916年	宝顺洋行在宝顺路修建了办公楼，为宝顺洋行汉口分行旧址。
2006年	宝顺洋行汉口分行进行简单的修缮。
2010年12月	宝顺洋行汉口分行旧址被公布为武汉市优秀历史建筑。

第二节 建筑概览

宝顺洋行在上海和天津都曾开设过分行，但建筑早已灰飞烟灭，无迹可寻，而汉口分行旧址却保存至今。宝顺洋行汉口分行建筑平面呈L形，沿天津路和洞庭街转角处展开立面，转角处楼体呈圆柱形，主入口设在此，入口上方二、三层沿弧形墙体开五扇长条形窗户。展开的两侧墙体做横向凹槽。窗户都是简单的平窗，不过窗户上方的窗楣设计精致，二层窗外还设有阳台。这座建筑走过了百年的风雨历程，只是在2006年略加修缮。这座建筑已经是这家古老洋行在中国唯一的一处遗存。

宝顺洋行汉口分行照片详见图5-1至图5-5所示。

图5-1　宝顺洋行汉口分行旧址透视实景图

图5-2　宝顺洋行汉口分行旧址沿洞庭街立面实景图

图5-3　宝顺洋行汉口分行旧址沿天津路立面实景图

图5-4　窗户

图5-5　檐口细部

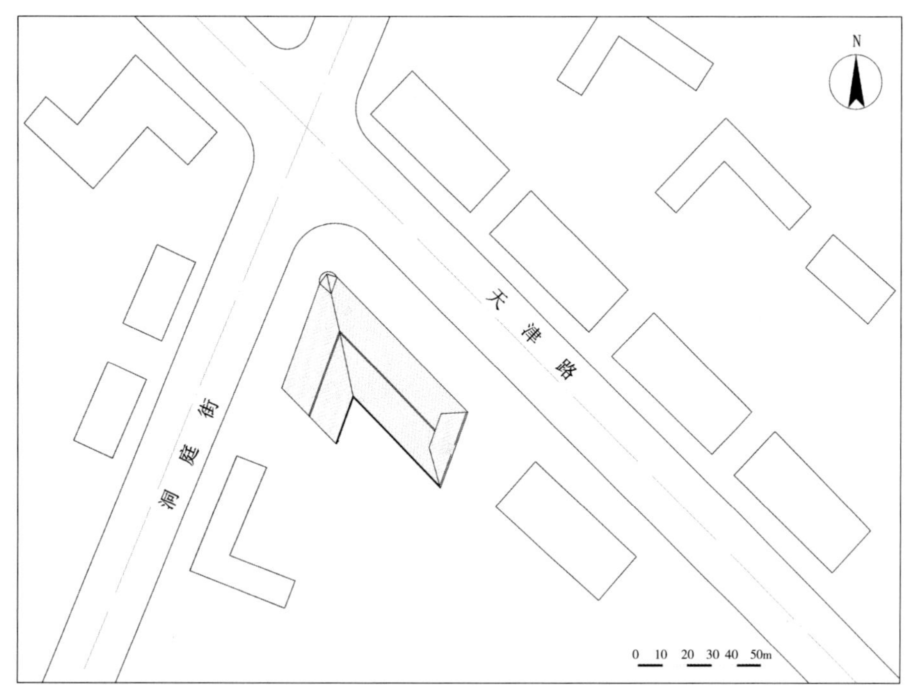

图5-6 街道关系

第三节 技术图则

依据建筑实测图纸，部分辅以三维建模，用技术图则方式解析宝顺洋行汉口分行建筑的环境布局、平面布置、功能流线、围护结构、采光及通风等规划建筑诸元素。宝顺洋行汉口分行技术图则详见图5-6至图5-19所示。

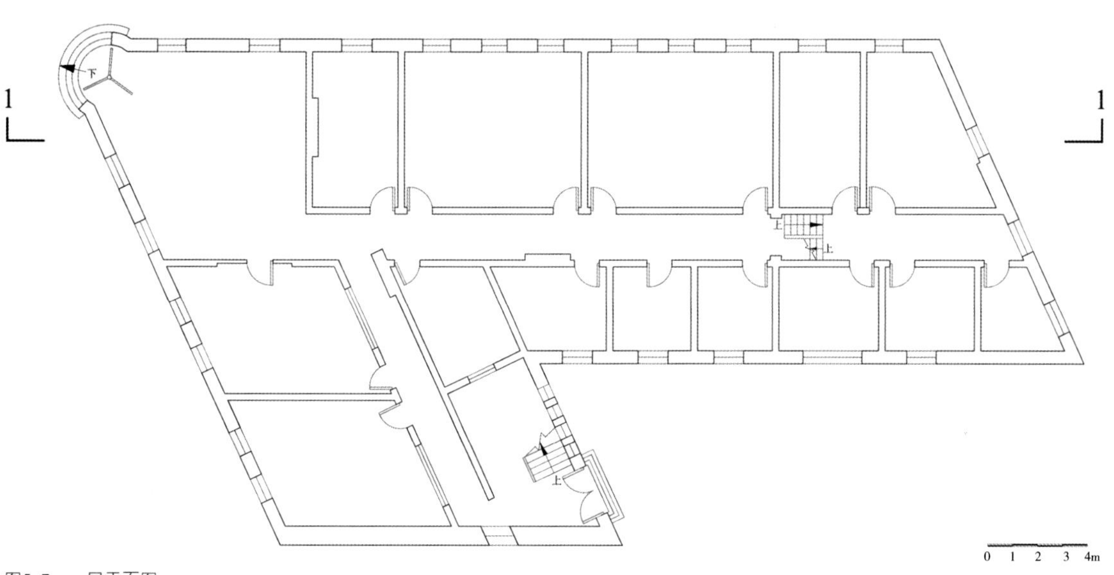

图5-7 一层平面图

◆ 图5-7：平面设计结合地形，建筑两侧沿道路展开，呈小角度"L"形。

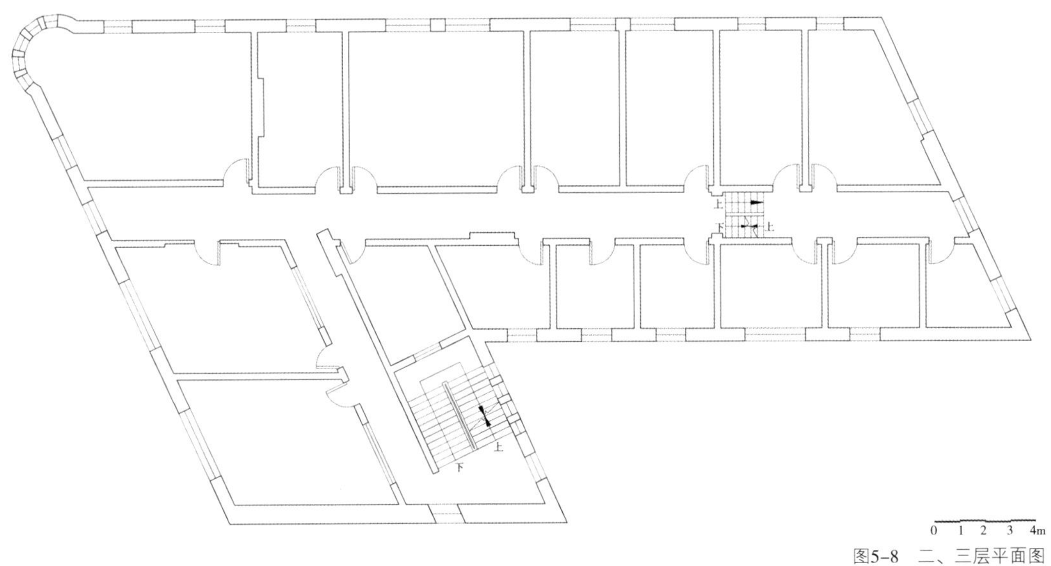

图5-8　二、三层平面图

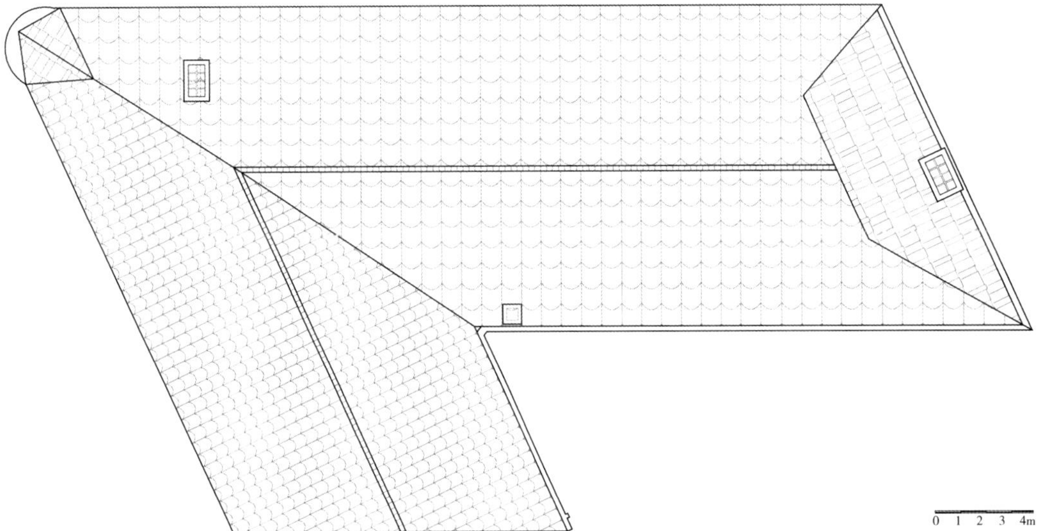

图5-9　屋顶平面图

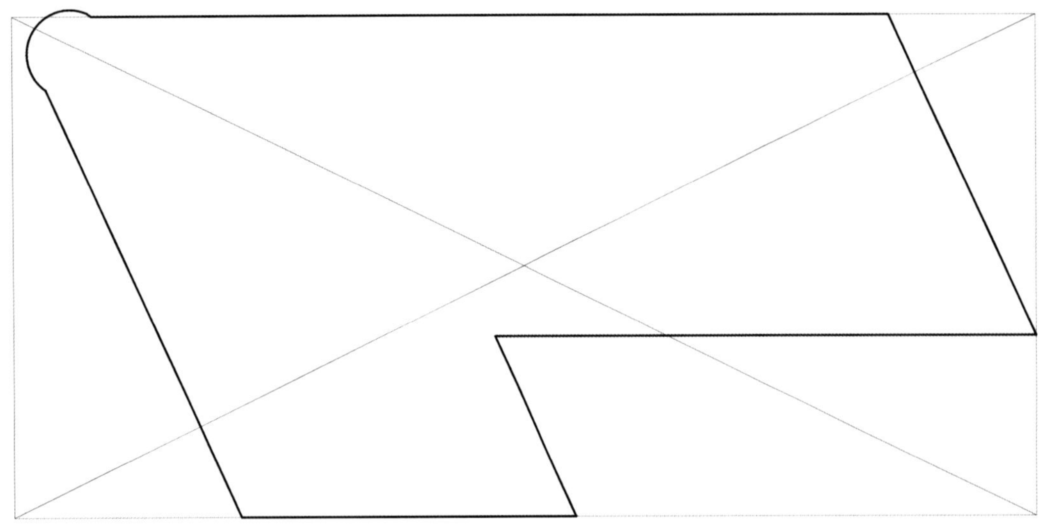

图5-10　平面几何关系

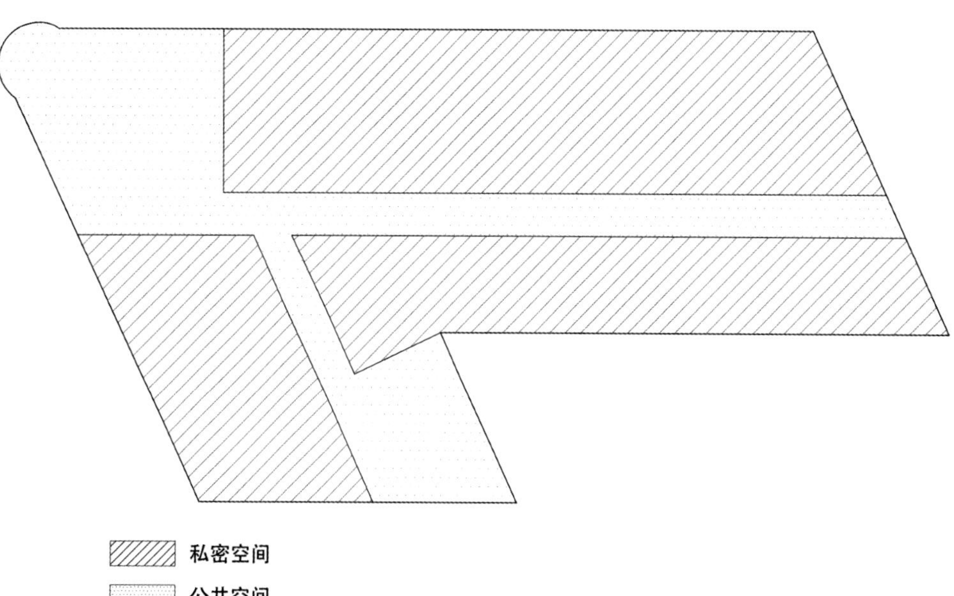

图5-11　公共与私密

◆　图5-12：门厅作为灰空间存在，是空间性质、空间功能、空间形态的过渡与转化。通过设置灰空间，试图冲破封闭空间的制约而争取与户外空间取得更加广泛的联系，这是建筑设计的常用手法。

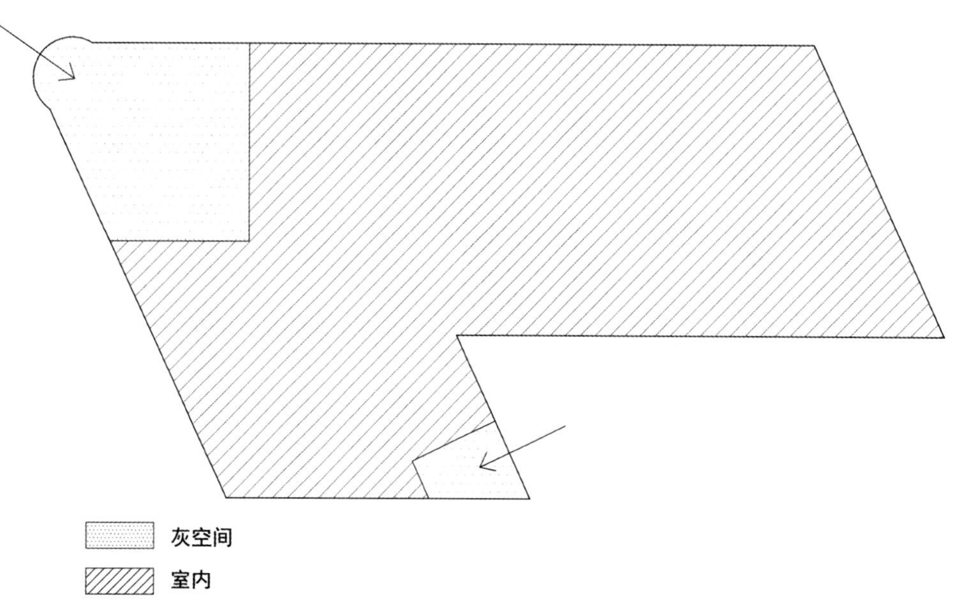

图5-12　灰空间

图5–13　沿洞庭街立面

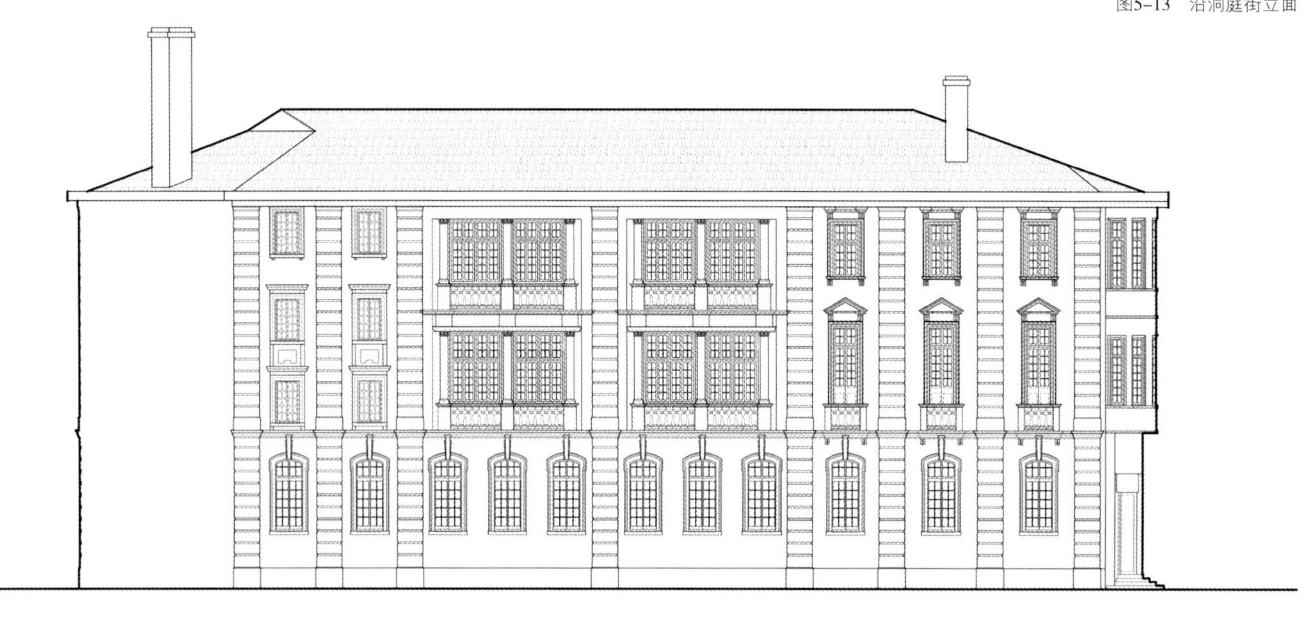

图5–14　沿天津路立面

图5-15　重复与变化

图5-16　韵律

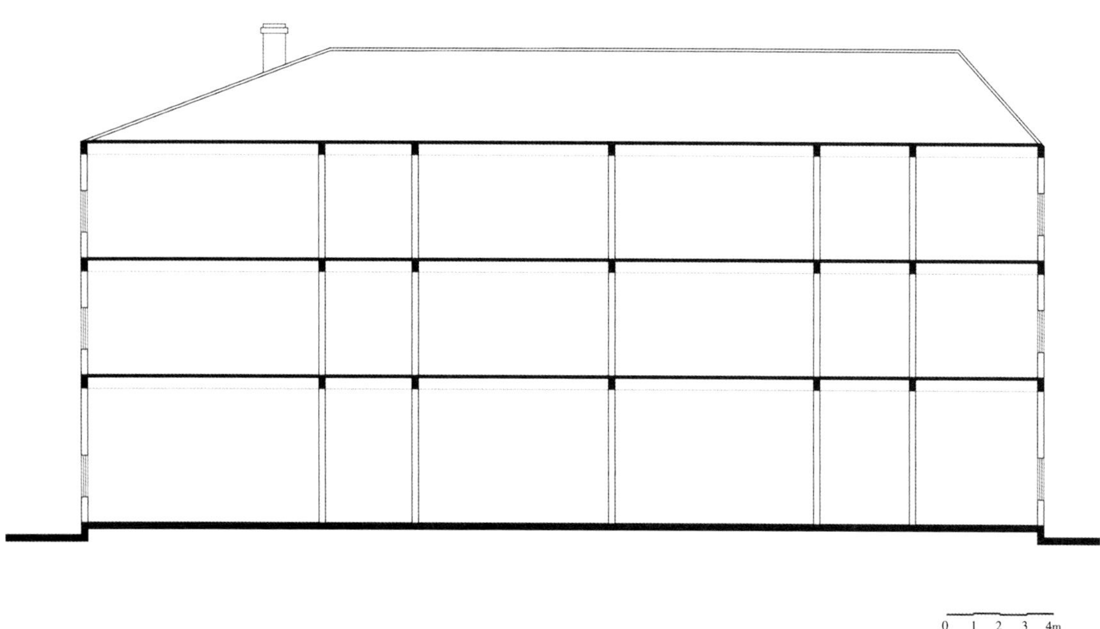

图5-17　1-1剖面图

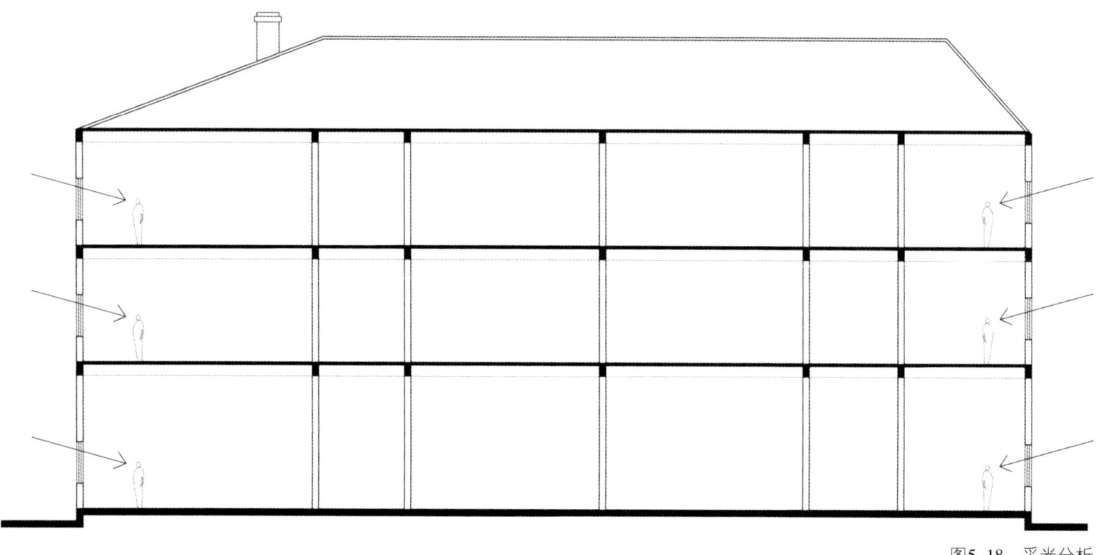

图5-18　采光分析

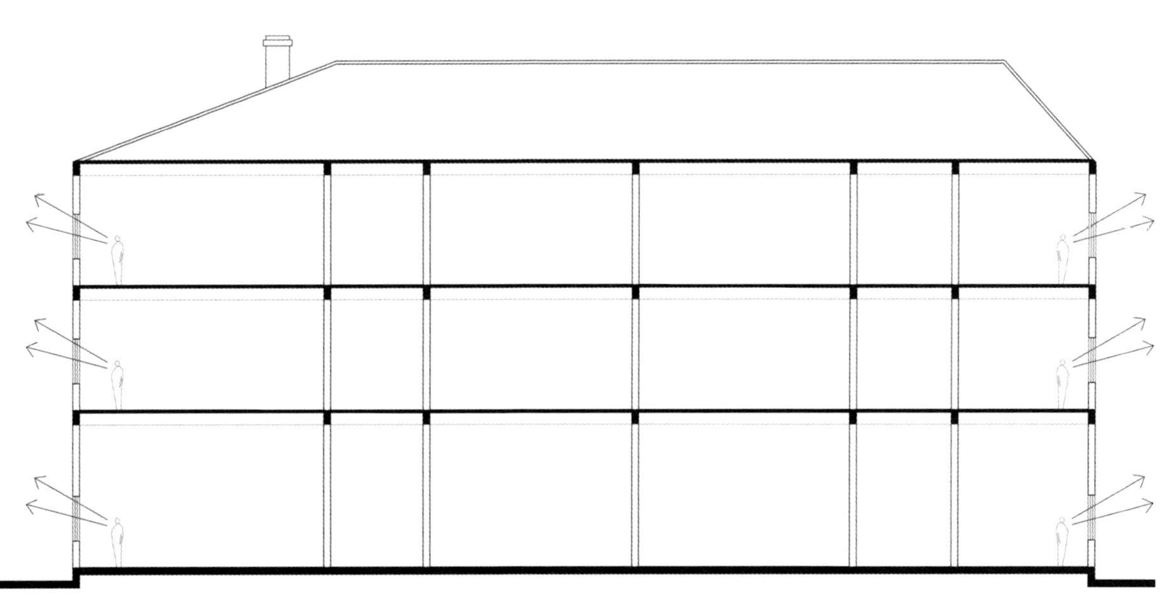

图5-19　视线分析

06
第六章

第六章 日信洋行

日信洋行是日本棉花株式会社在汉口创办的分社，主要从事棉、纱、布的贸易。日信洋行位于江汉路2号，1917年建成，属文艺复兴式建筑。五层钢筋混凝土结构，大楼为三段式构图，临街外墙面麻石砌筑。立面均开长条形窗，三至四层中部圆柱顶挑阳台，檐口顶建有女儿墙，整个立面沉稳庄重。

第一节 历史沿革

日信洋行历史沿革

时 间	事 件
1892年	日本棉花株式会社在大阪创立，是当时经营棉、纱、布最大的商业公司。
1910年	日本棉花株式会社在汉口设立分社，中国名称为日信洋行，初址在汉口河街（今沿江大道），其业务为收购中国棉花，销售日本纱布，并供应上海、青岛等地日本人开设纱厂所需的原料。
1917年	随着江汉路（歆生路）的开发，迁入江汉路新建大楼中。
1993年	日信洋行被武汉市人民政府公布为优秀历史建筑。

第二节 建筑概览

日信洋行立面沿中轴对称，主入口设在正中，巨大的拱形门高约两层，营造出突出高大的入口空间。拱形门上方还饰有雕花装饰，精致细腻。入口上方为弧形窗户和阳台，区别于两侧规矩的长方形窗，突出中轴线，形成视觉的中心。五层弧形阳台两侧各悬挑出开敞式阳台，各占四个开间，使重复的条形开窗产生变化，虚实结合，富有韵律感。建筑为三段式构图，一、二层墙面做横向凹槽，三至五层楼体两翼做浮雕装饰，每层之间有明显的腰线划分，檐口及女儿墙注重细部的处理。

日信洋行照片详见图6-1、图6-2所示。

（a）

（b）

图6-1　日信洋行透视图

（a）

（b）

图6-2　日信洋行正立面图

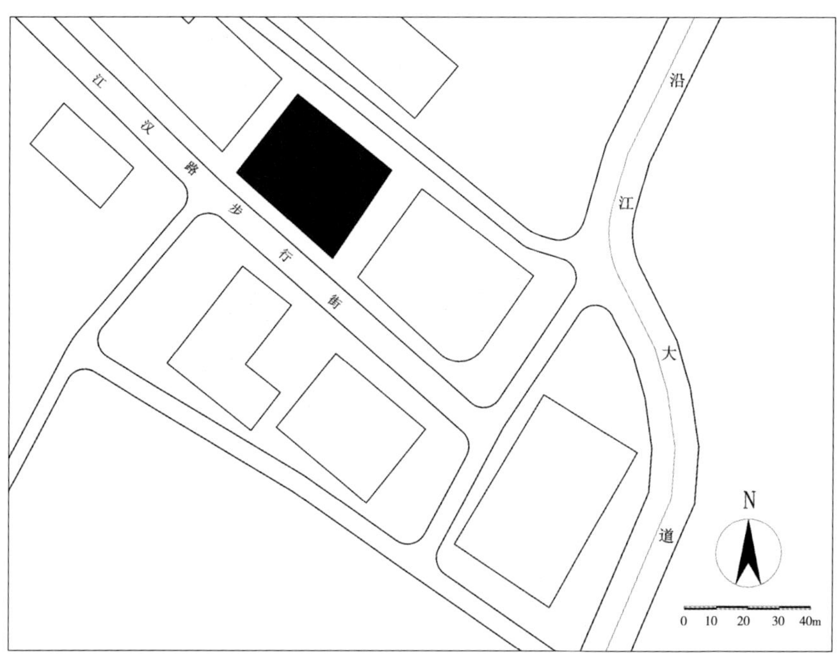

图6-3　街道关系

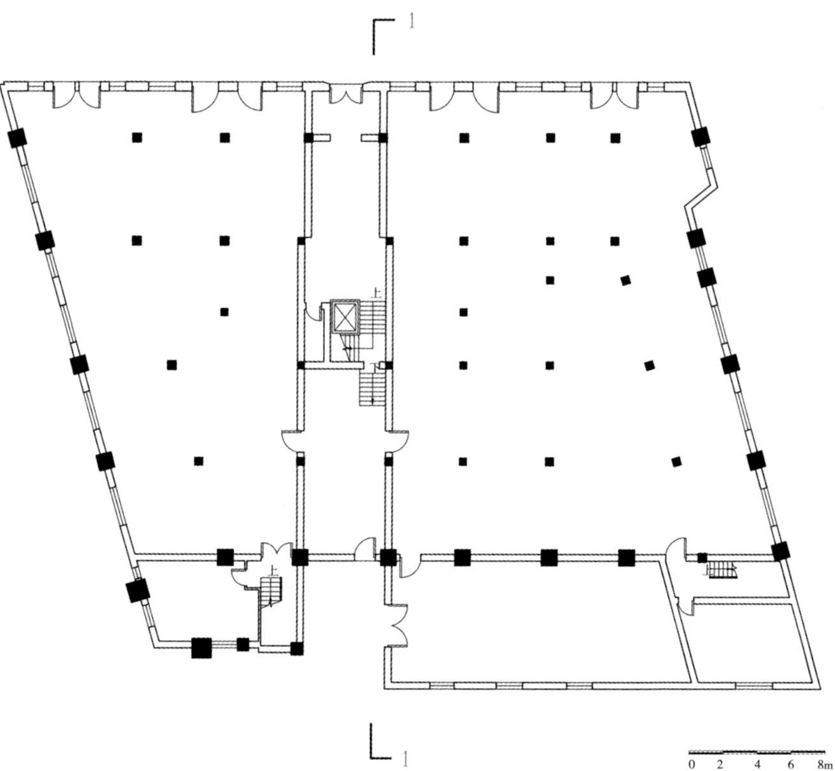

图6-4　一层平面图

第三节　技术图则

依据建筑实测图纸，部分辅以三维建模，用技术图则方式解析日信洋行建筑的环境布局、平面布置、功能流线、围护结构、采光及通风等规划建筑诸元素。日信洋行技术图则详见图6-3至图6-21所示。

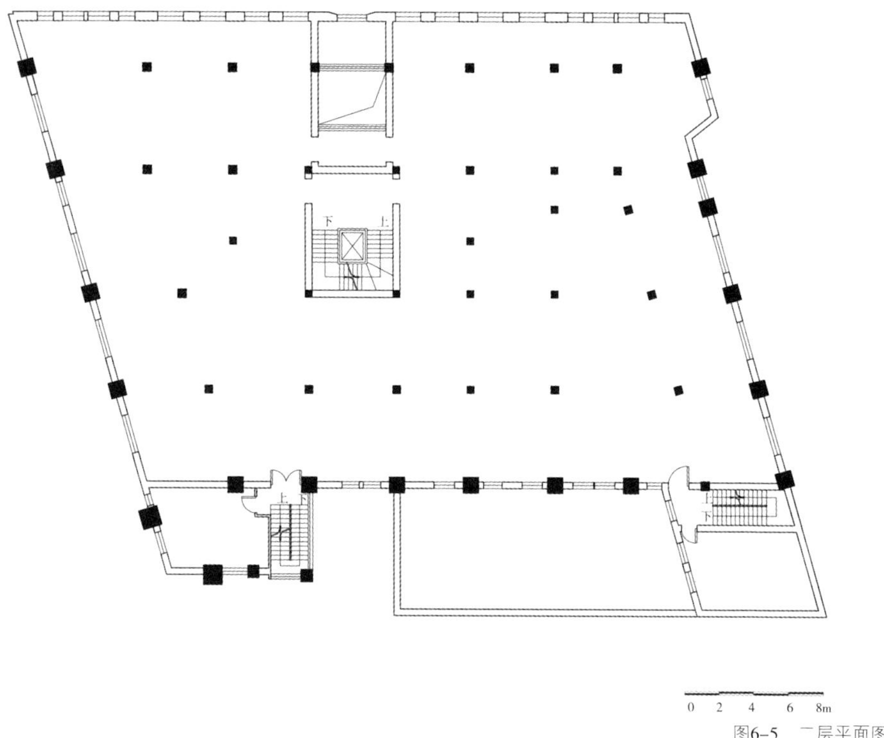

图6-5　二层平面图

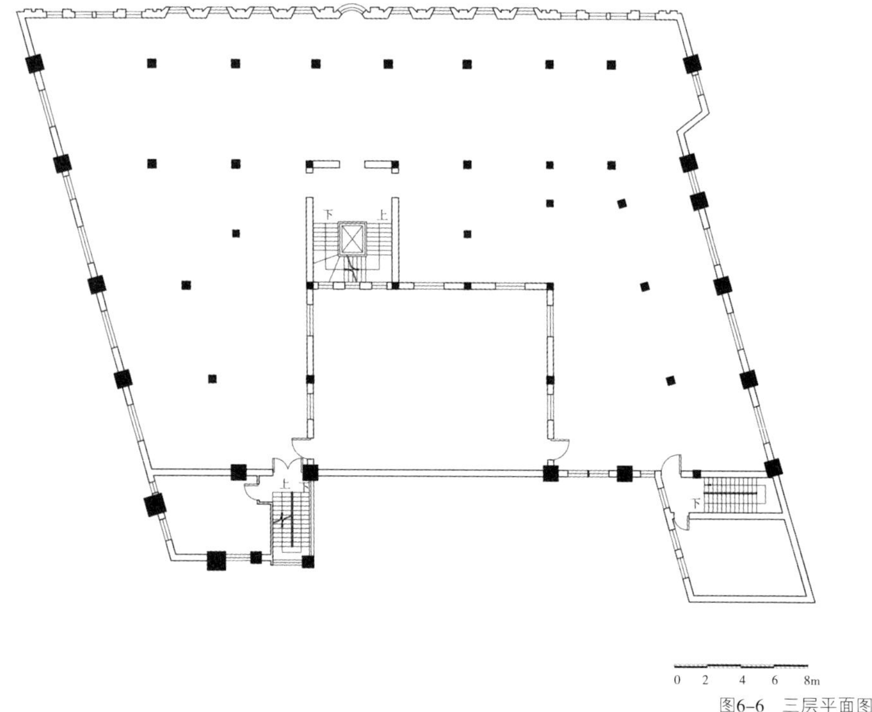

图6-6　三层平面图

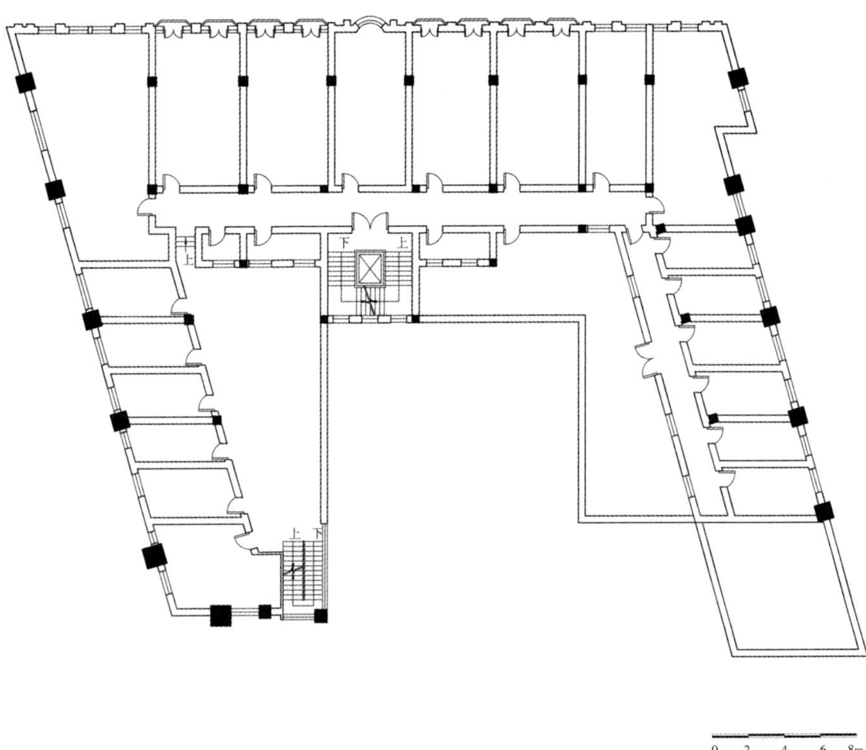

0 2 4 6 8m

图6-7　四层平面图

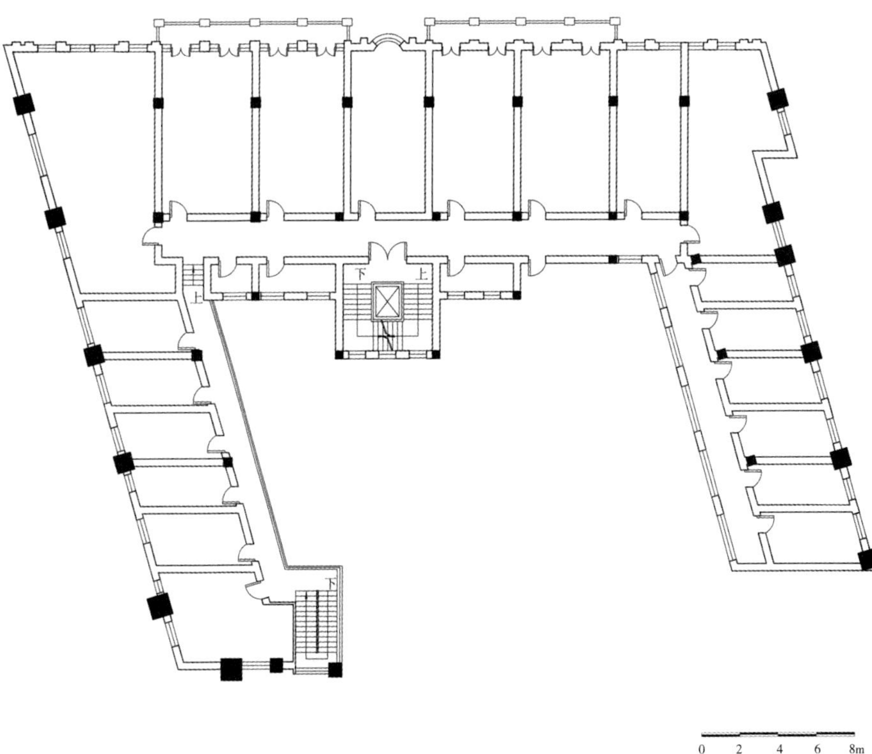

0 2 4 6 8m

图6-8　五层平面图

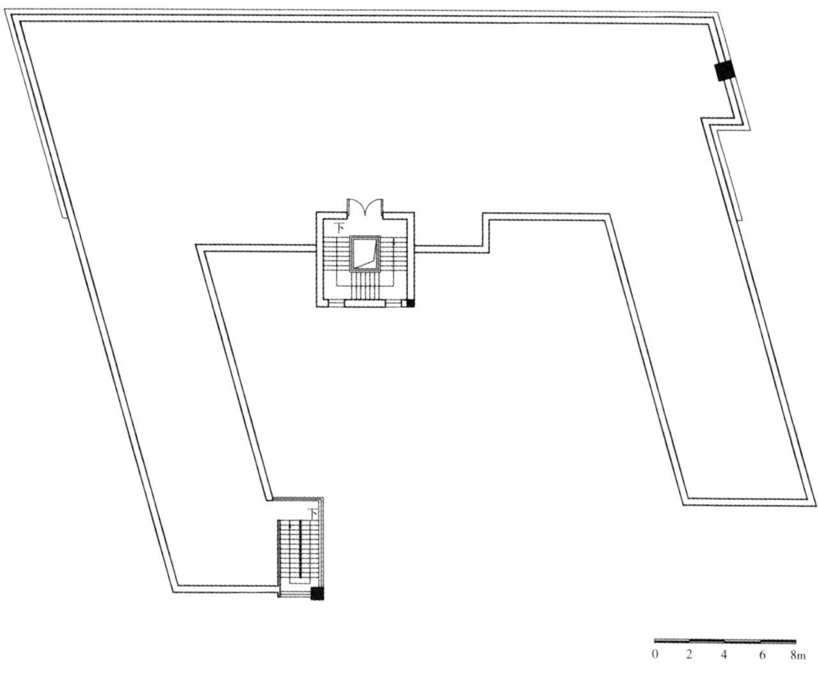

图6-9　屋顶平面图

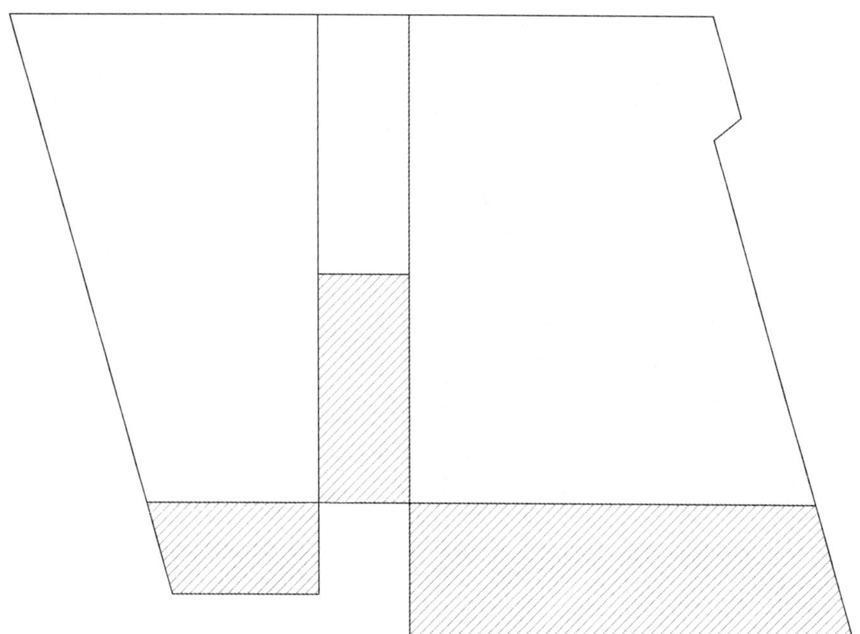

图6-10　公共与私密

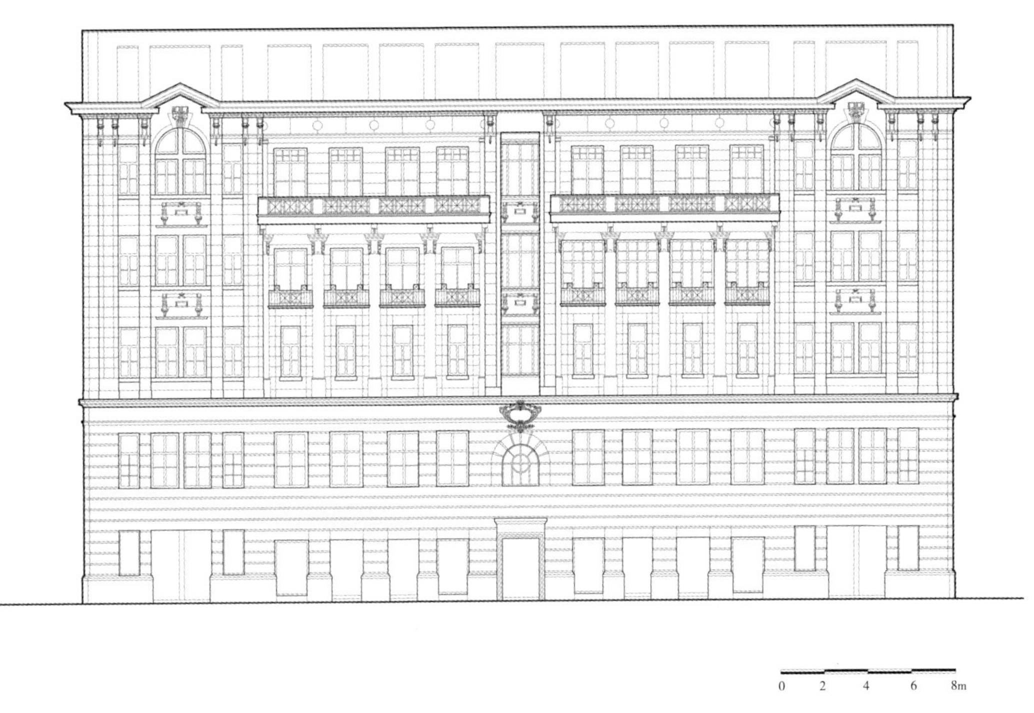

图6-11　正立面图

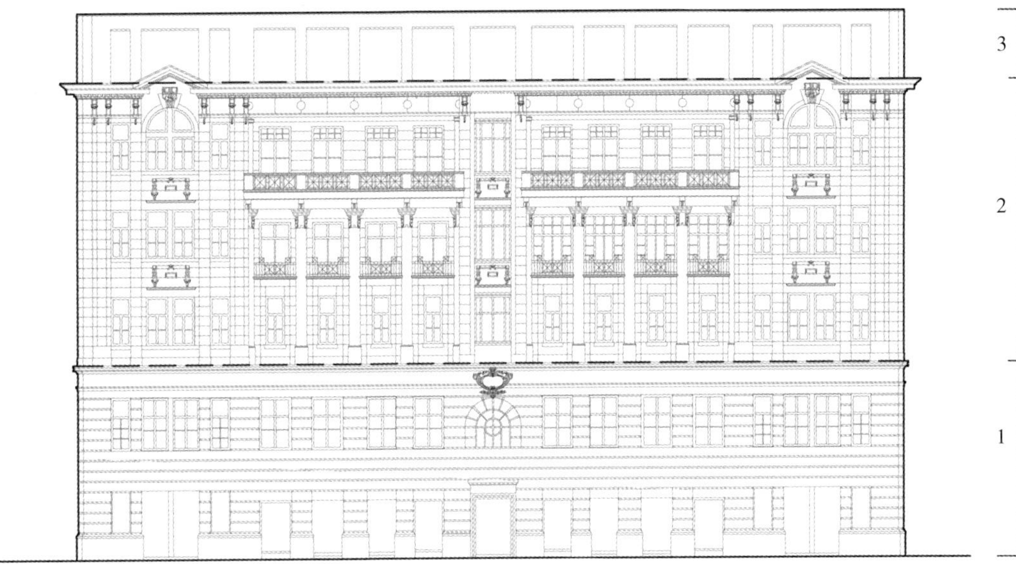

图6-12　纵向三段式构图

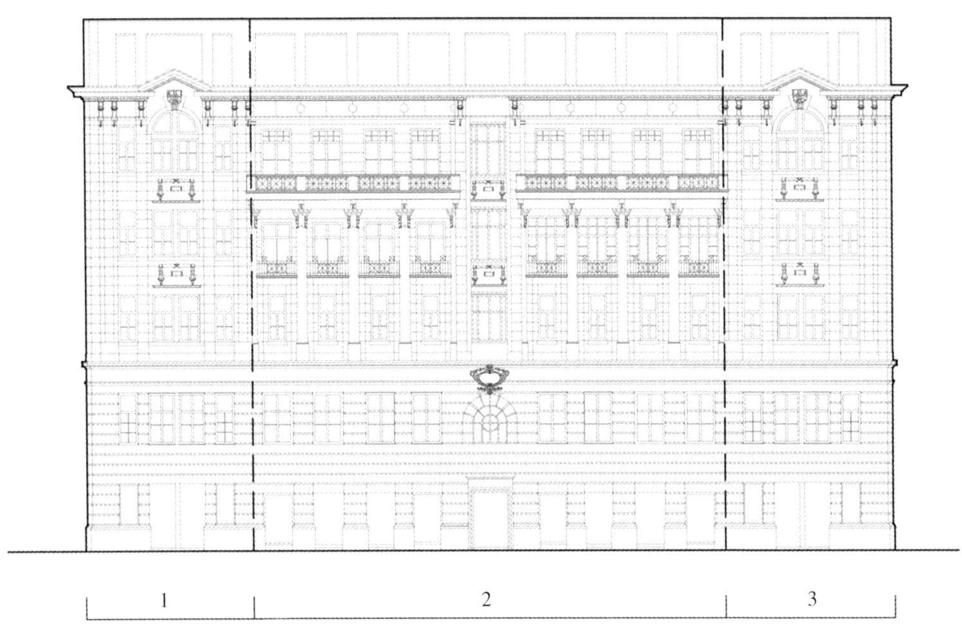

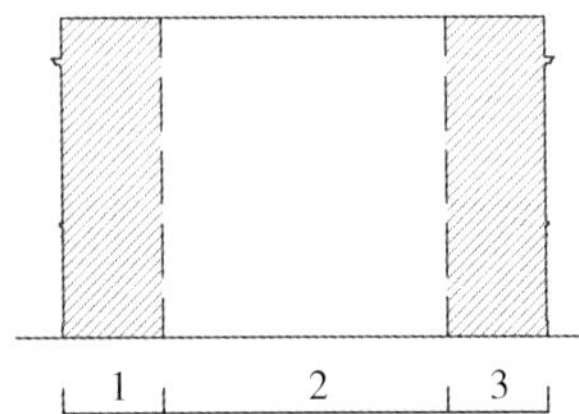

图6-13　横向三段式构图

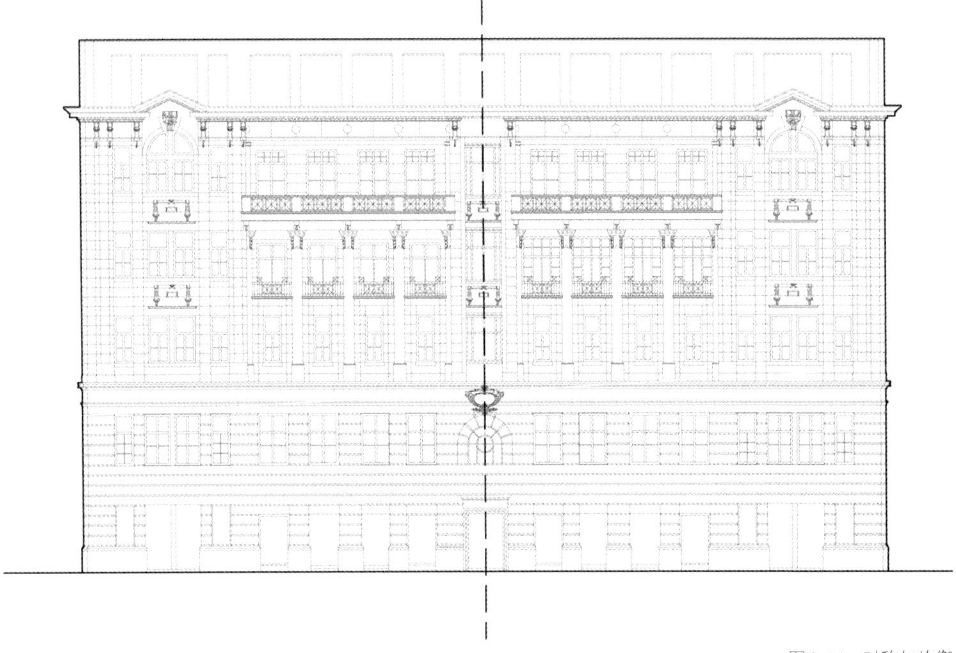

图6-14　对称与均衡

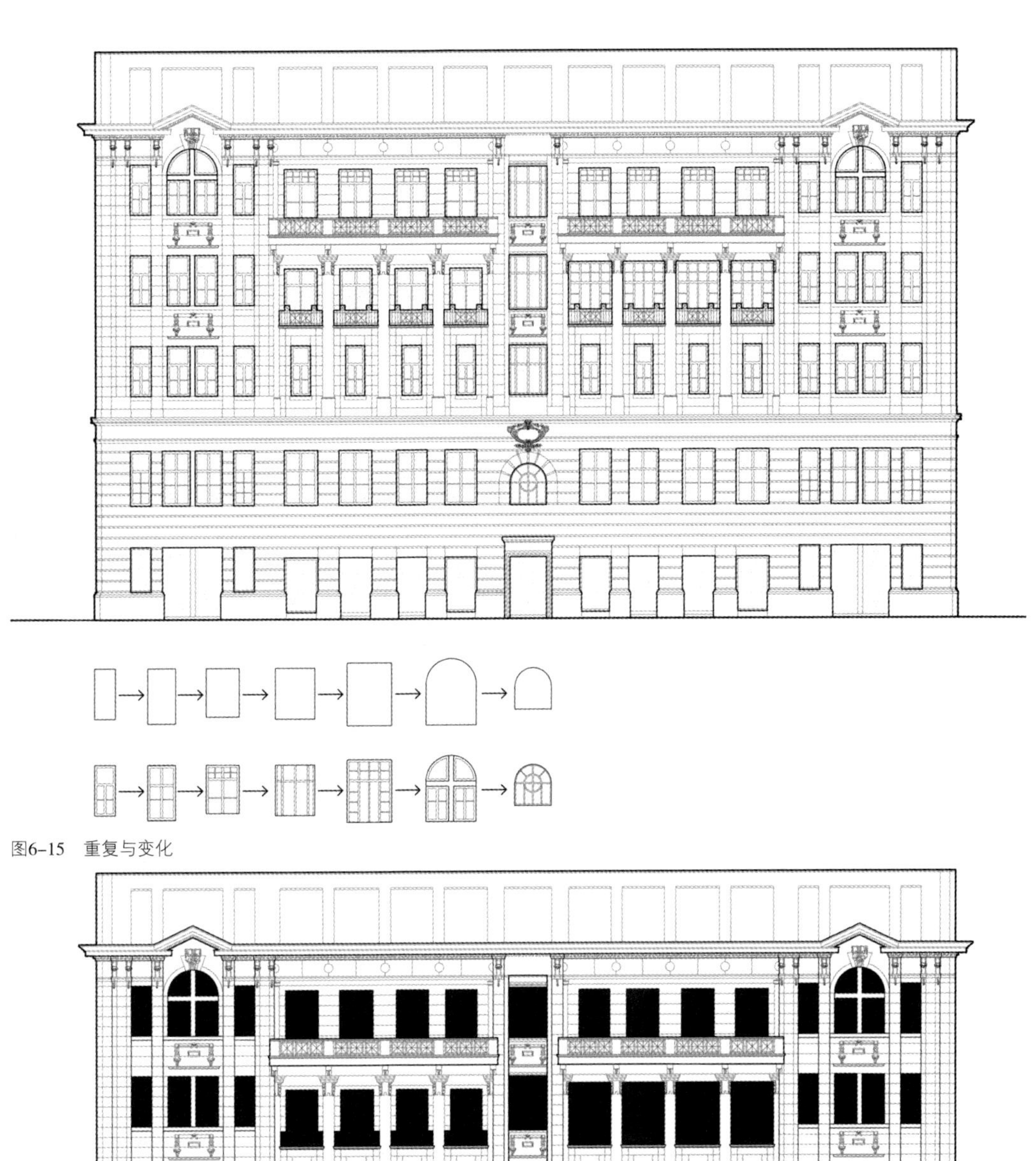

图6-15　重复与变化

图6-16　立面凹凸

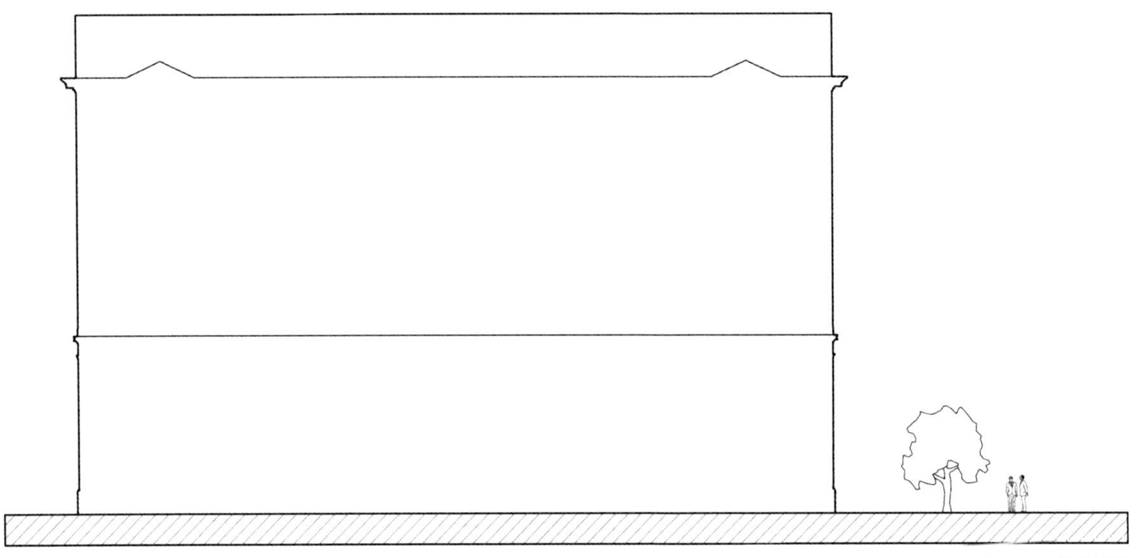

图6-17　体量关系

图6-18　1-1剖面图

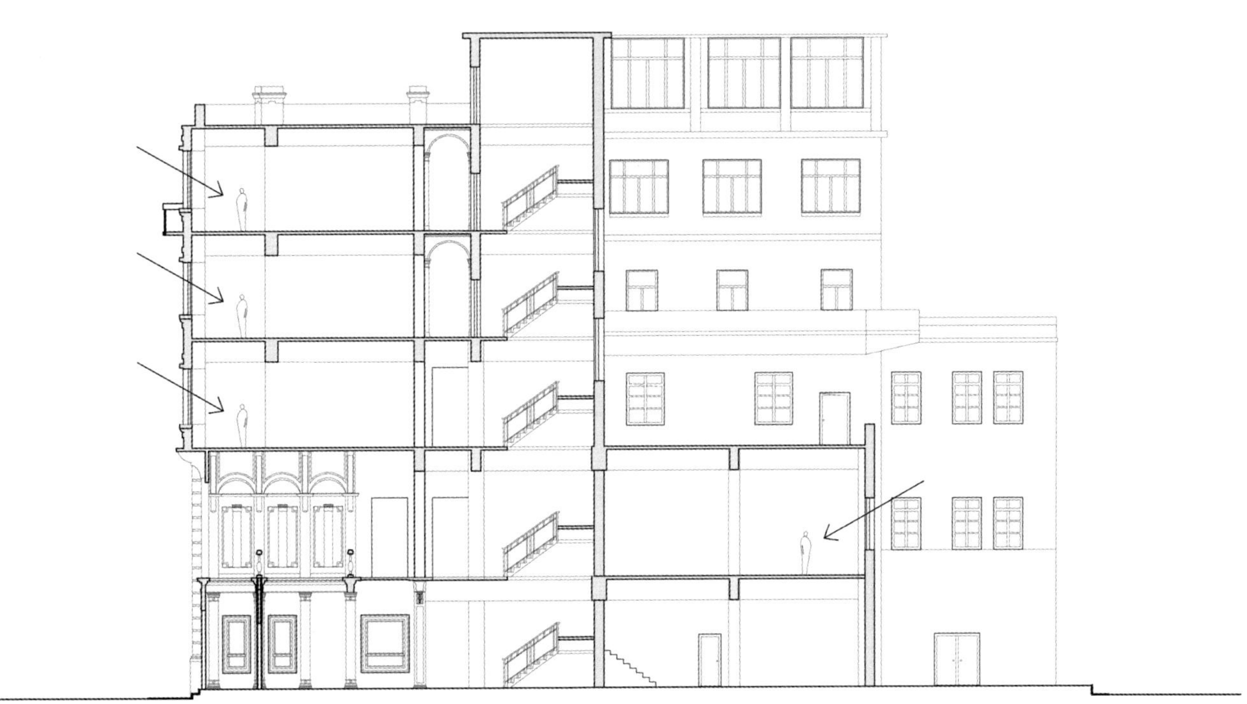

图6-19　采光分析

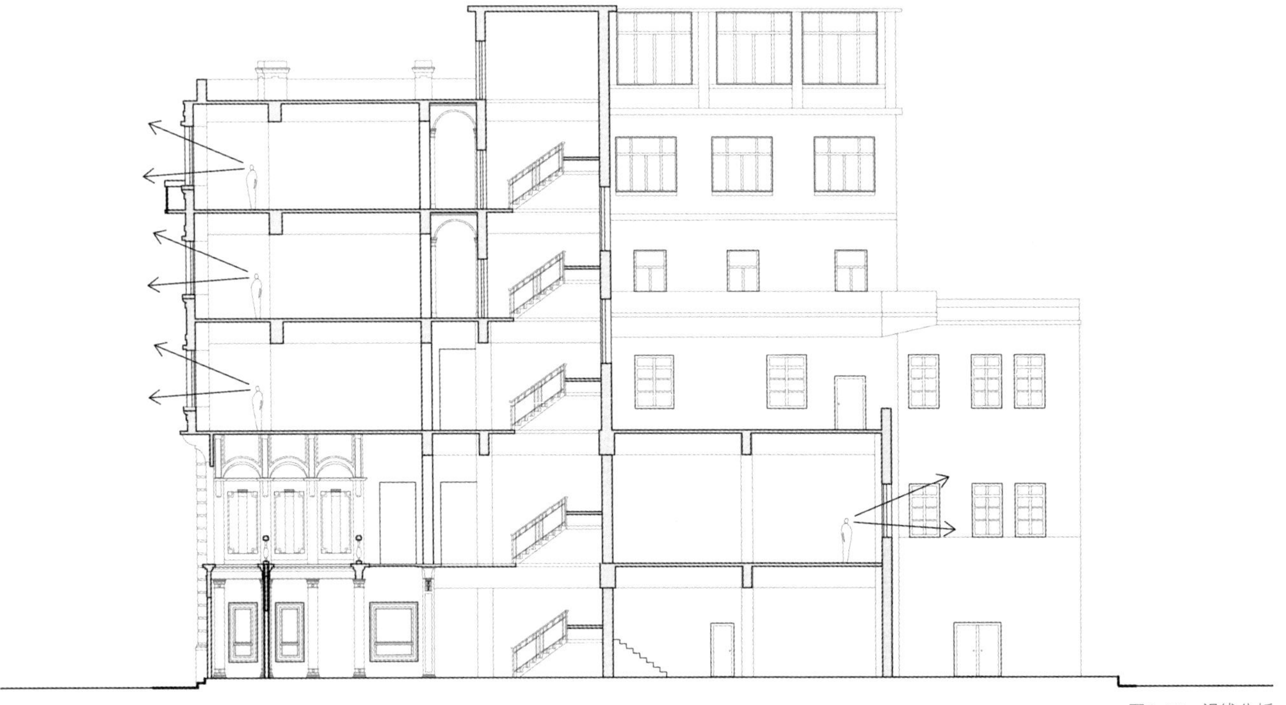

图6-20　视线分析

◆ 图6-19~图6-21：对自然通风、采光以及视线的优先考虑，无疑是近代建筑的突出特性，尽量源于自然和谐于环境，而这恰好暗合了地域性与生态性的内在诉求。

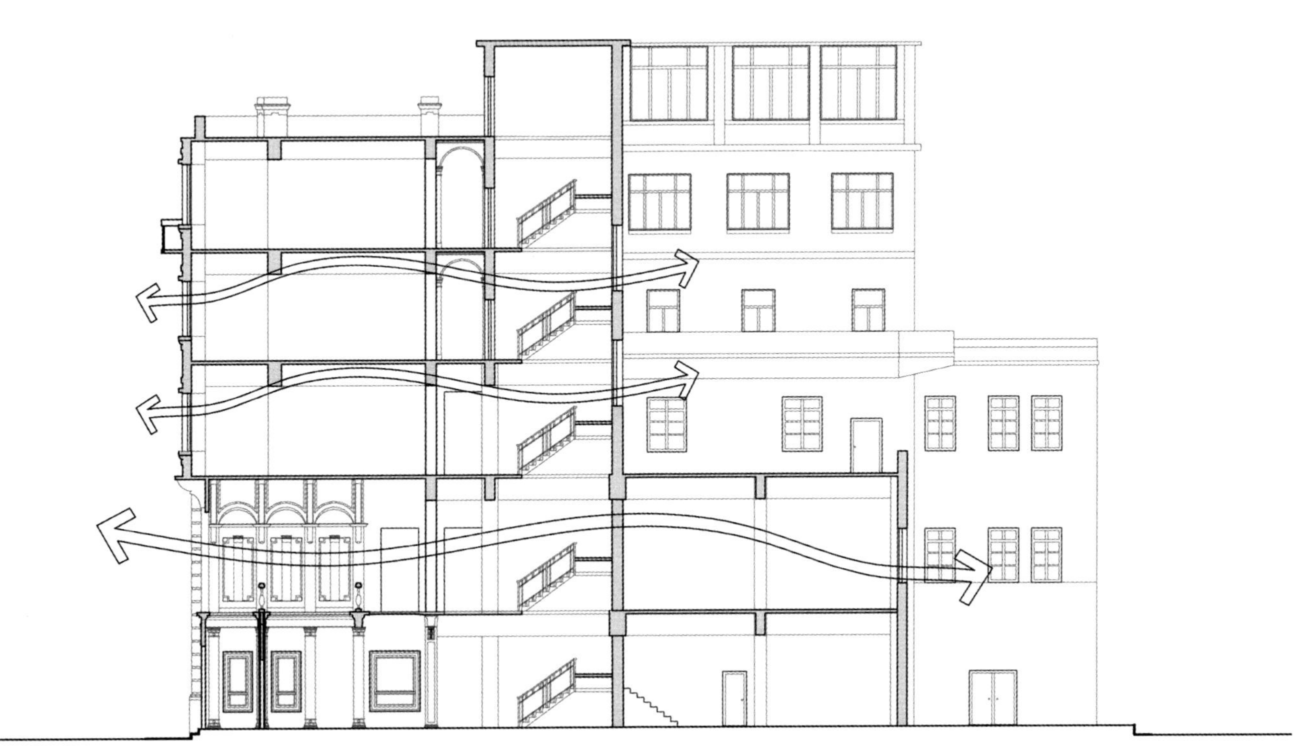

图6-21 通风分析

07
第七章

第七章 太古洋行汉口分行旧址

太古洋行总部在英国，主营航运业，兼营进出口贸易，进口布匹、钢铁、糖、杂货等，出口杂粮、棉花、生铁等。太古洋行汉口分行旧址，位于沿江大道140号，大楼建于1918年，属文艺复兴式建筑，具有欧洲中世纪古朴之风。建筑高四层，砖木结构，魏清记营造厂施工，外墙部分采用红砖清水墙面与大面积麻石面，两种不同材质形成鲜明对比，给人独特的视觉体验，华丽而不失庄重。

第一节 历史沿革

太古洋行汉口分行旧址历史沿革

时间	事件
1867年	太古洋行在上海成立，开始从事各种贸易活动。
1872年	设立中国航运公司，开始经营长江航线。太古轮船公司成为与怡和轮船公司、旗昌轮船公司并驾齐驱的三大航运公司。
1873年	太古洋行在汉口成立分行。
1918年	太古洋行在汉口江边建起了四层的办公大楼，砖木结构，古典主义风格。
1938年	武汉沦陷后，太古洋行汉口分行在汉口的业务全部歇业。
1954年	太古洋行在中国大陆的业务宣告结束。
2006年	太古洋行汉口分行旧址被公布为优秀历史建筑。

第二节 建筑概览

太古洋行汉口分行旧址立面为三段式构图，严谨对称，轴线正中设置入口，入口以两根塔司干石柱撑起门厅，上部设小阳台，突出入口空间。立面大面积开窗，以窗户为主要构图要素，建筑一、三层为半圆拱窗，二、四层为方窗，窗下装饰有宝瓶状栏杆，交错排列，在重复中产生变化，极富韵律感。四层两窗之间排列爱奥尼式双壁柱，雕刻精美，增加了立面的细节与变化。屋顶为四坡红瓦顶，出檐较深。整栋建筑风格简洁典雅，比例和谐，色彩亮丽，开间整齐，具有较高的艺术价值。大楼现由长江武汉航道工程局使用。

太古洋行汉口分行旧址照片详见图7-1至图7-4所示。

（a）

（b）

图7-1　太古洋行汉口分行旧址透视图

图7-2　太古洋行汉口分行旧址正立面图

图7-3　窗户

图7-4　正立面入口

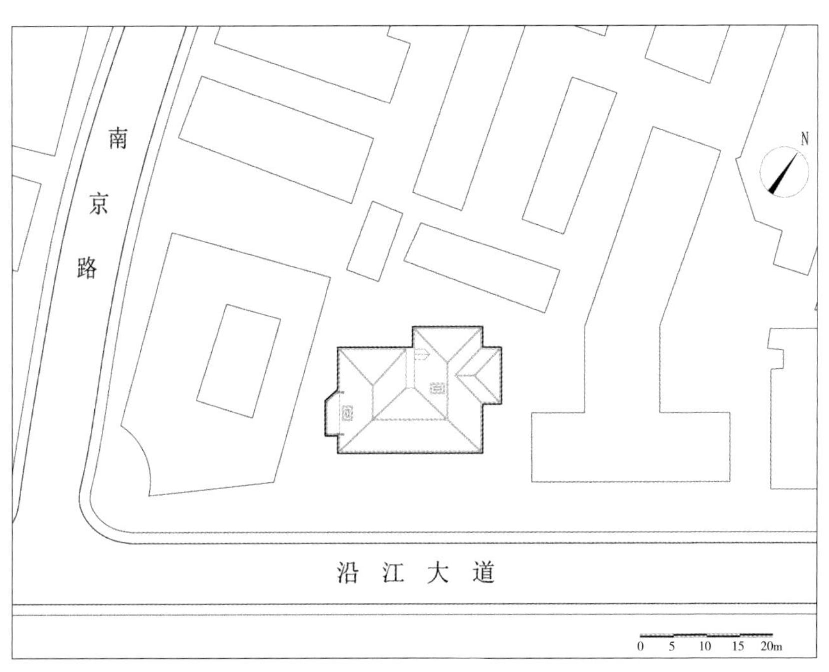

图7-5 街道关系

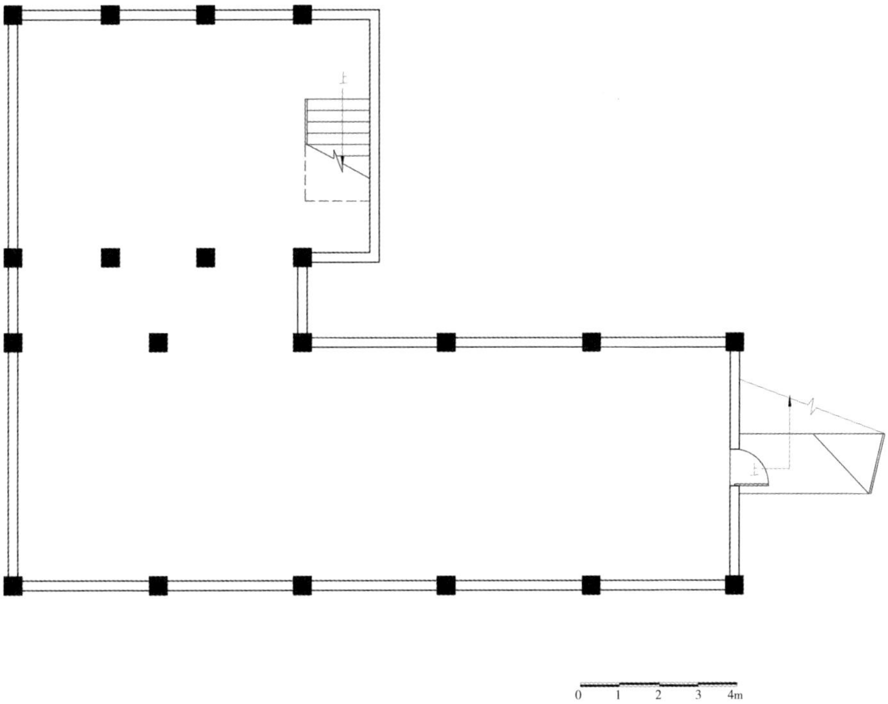

图7-6 地下一层平面图

第三节 技术图则

依据建筑实测图纸，部分辅以三维建模，用技术图则方式解析太古洋行汉口分行旧址建筑的环境布局、平面布置、功能流线、围护结构、采光及通风等规划建筑诸元素。太古洋行汉口分行旧址技术图则详见图7-5至图7-27所示。

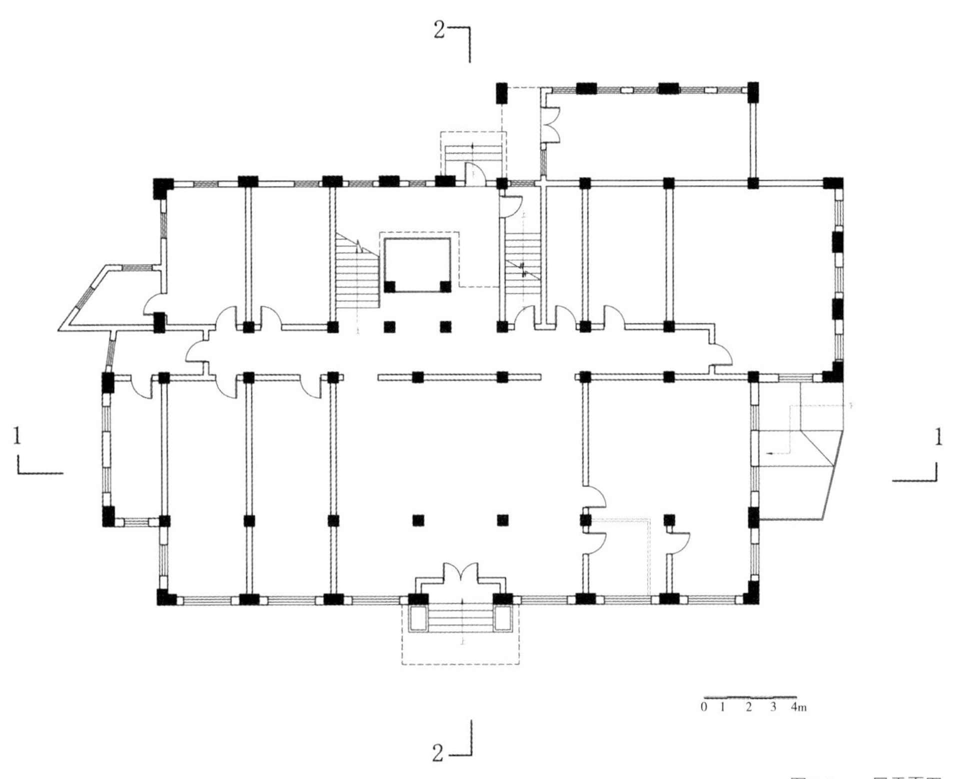

图7-7　一层平面图

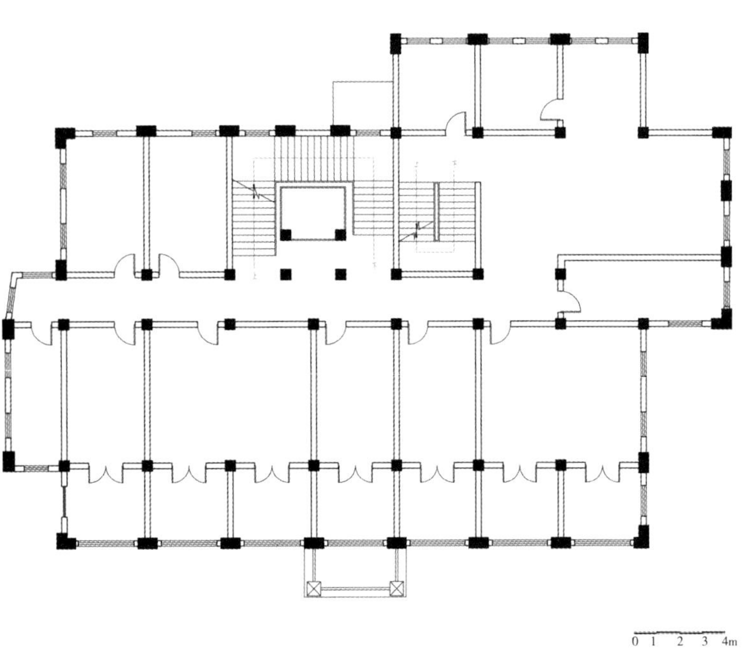

图7-8　二层平面图

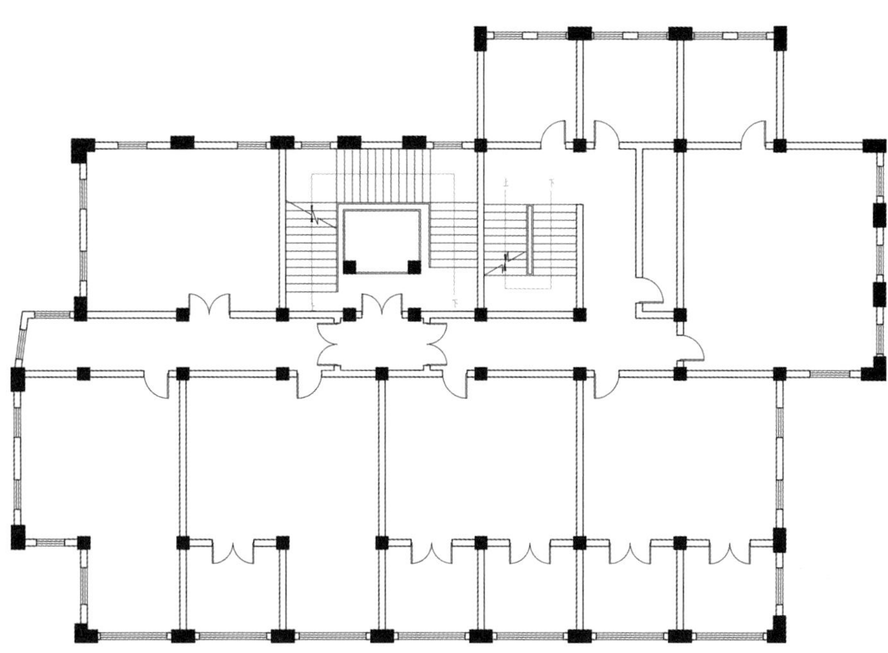

图7-9　三层平面图

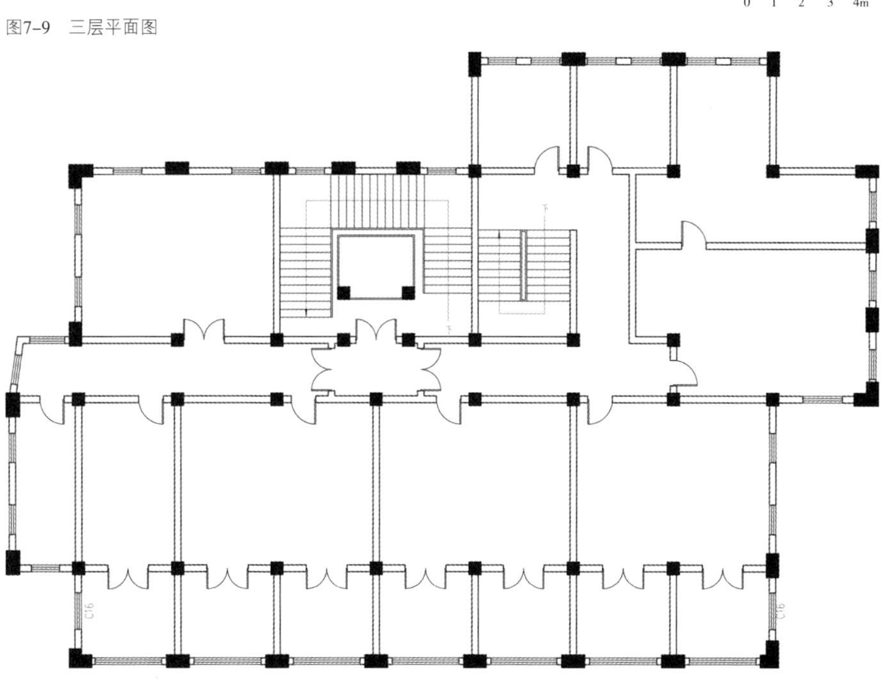

图7-10　四层平面图

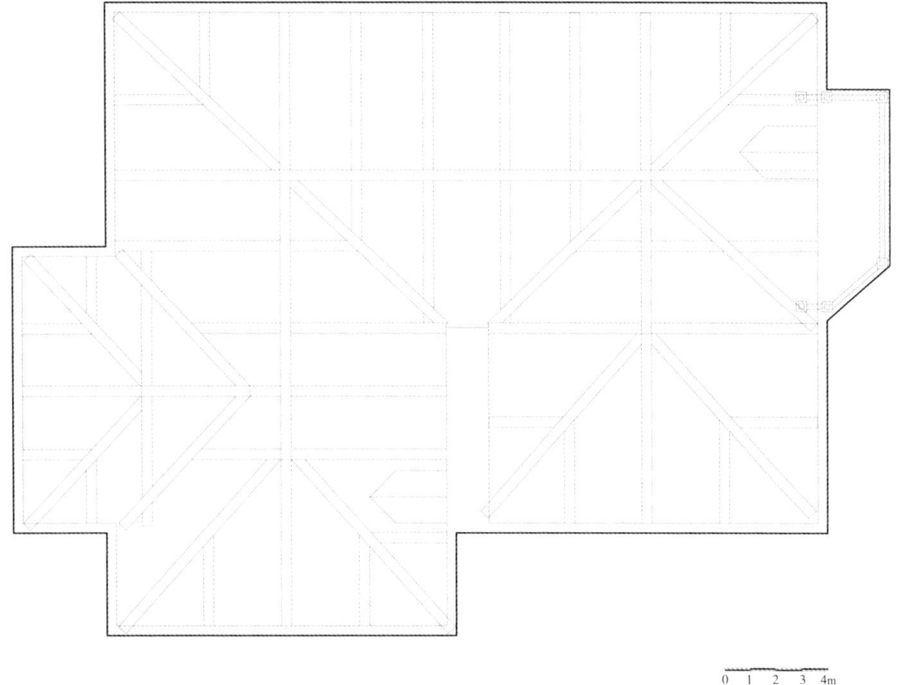

图7-11　屋架平面图

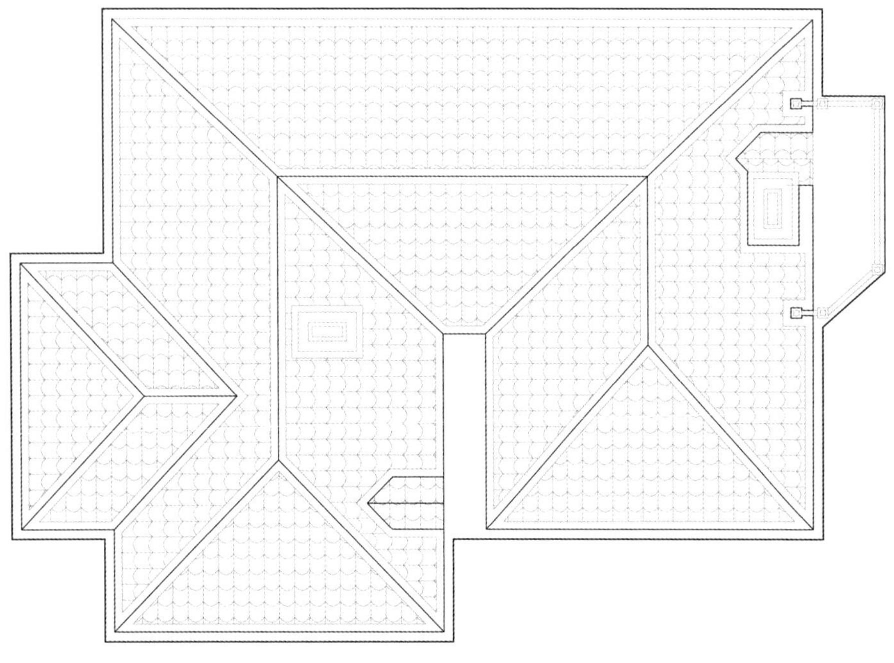

图7-12　屋顶平面图

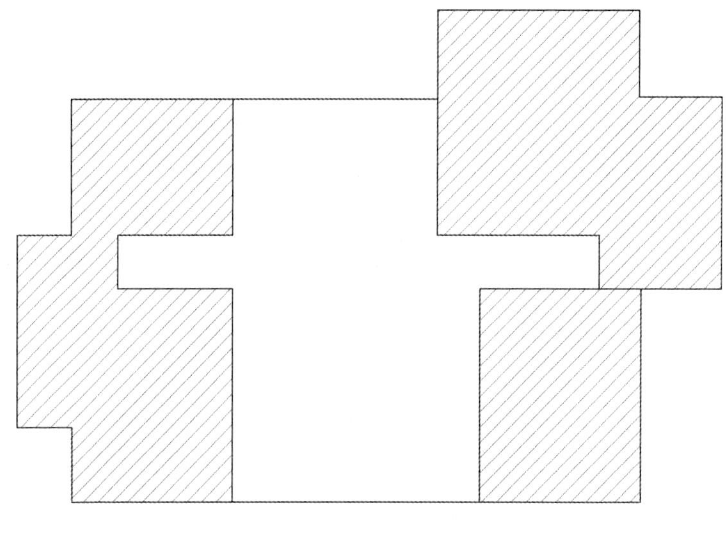

图7-13　公共与私密

◆　图7-14：每层建筑的窗户不尽相同，半圆拱形窗和方窗交错排列，增加了立面的韵律感。

图7-14　西立面图

图7-15　东立面图

图7-16　南立面图

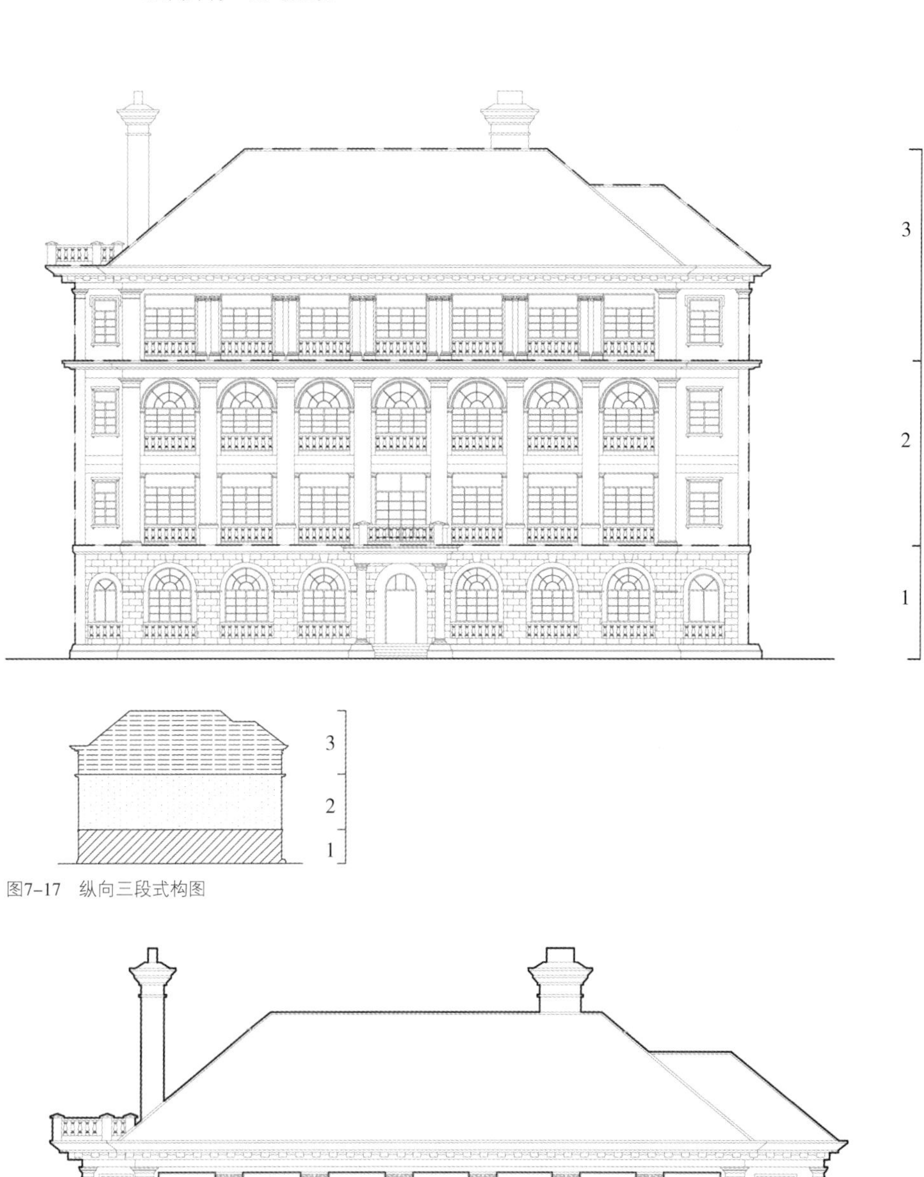

图7-17　纵向三段式构图

图7-18　重复与变化

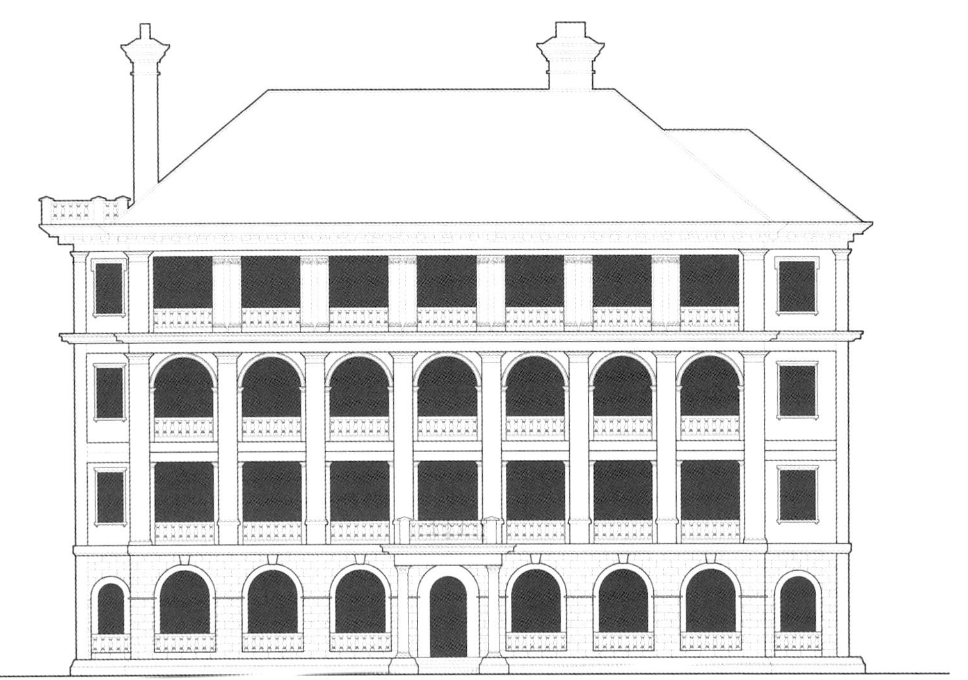

图7-19　立面凹凸

图7-20　韵律

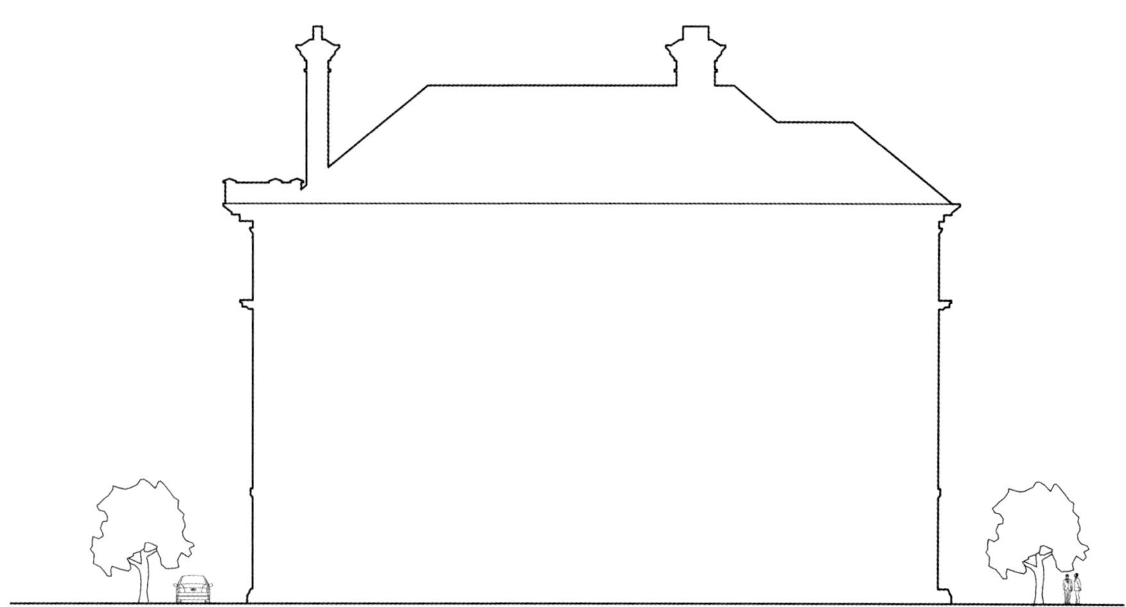

图7-21　体量关系

图7-22　1-1剖面图

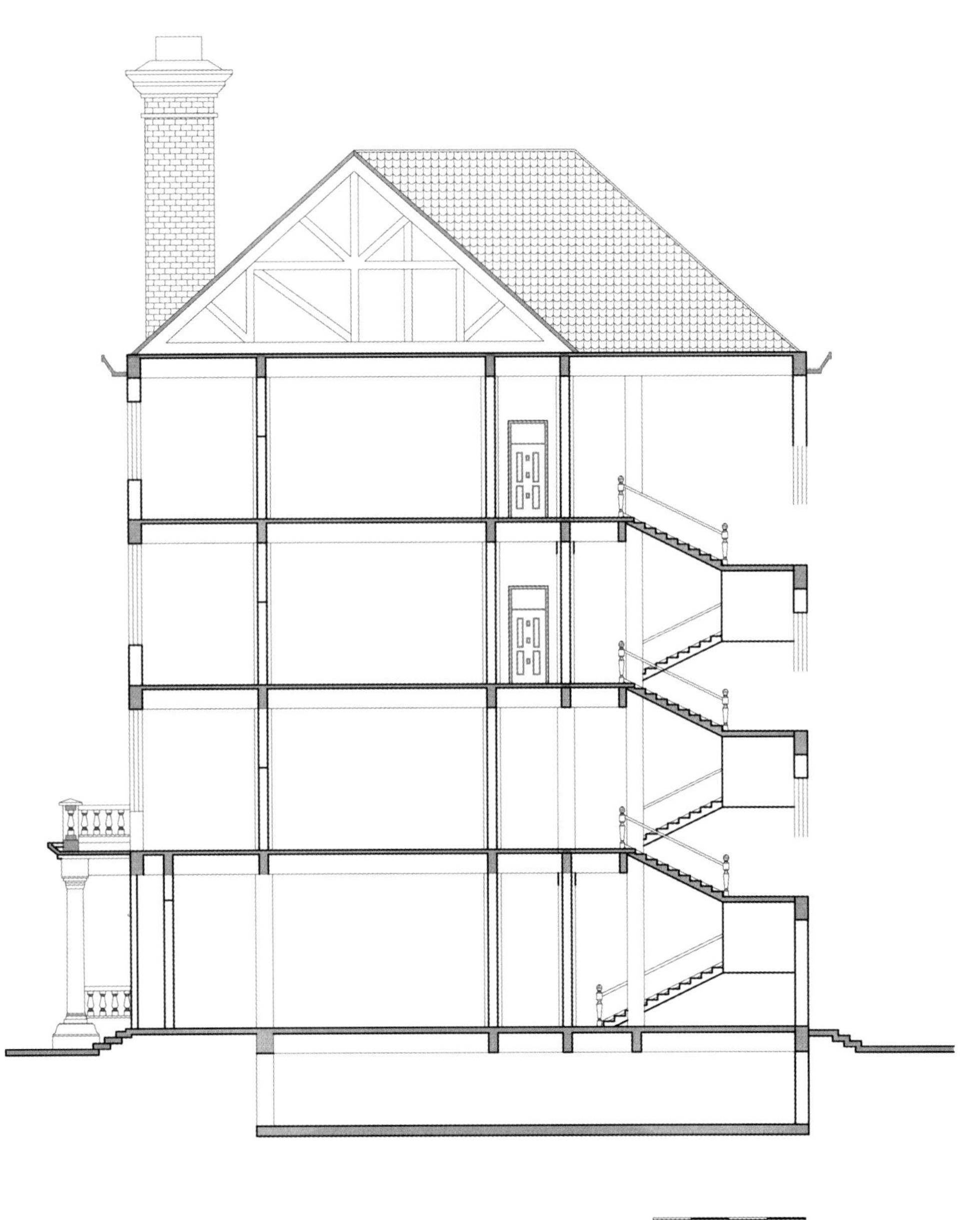

图7-23　2-2剖面图

图7-24　采光分析

◆　图7-25：建筑屋顶采用木屋架，更加环保；木材具有柔韧性好的特点，木构架的抗震效果也更佳。

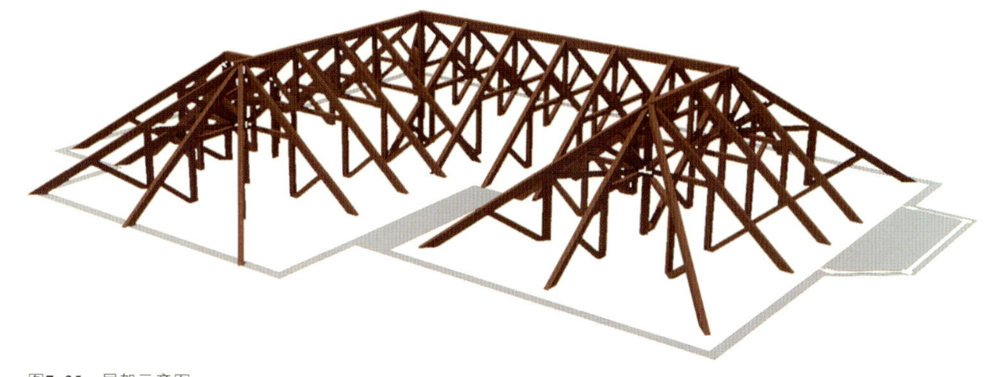

图7-25　屋架示意图

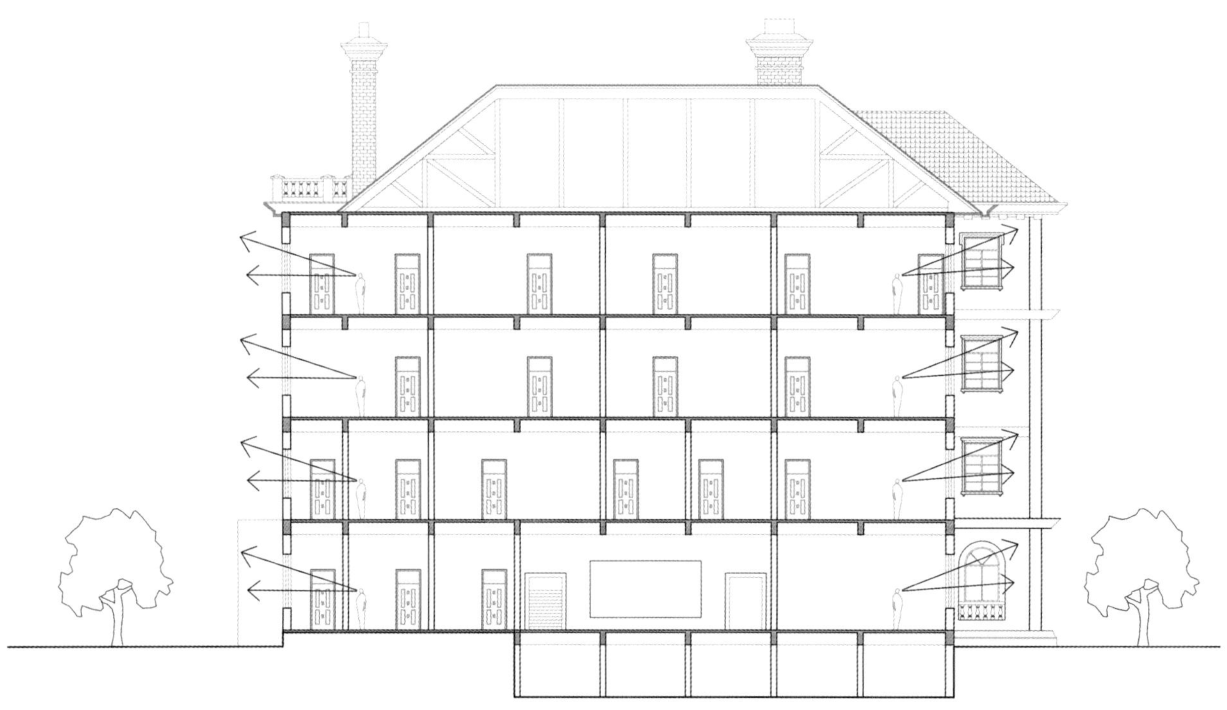

图7–26　视线分析

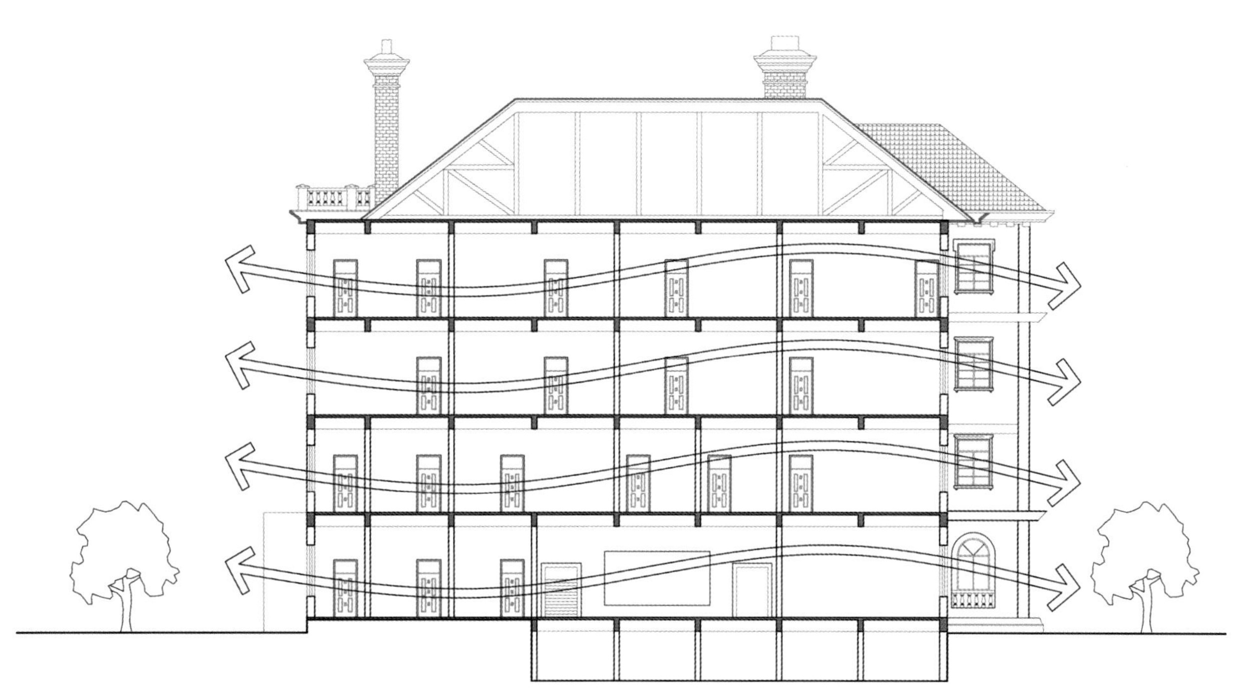

图7–27　通风分析

08
第八章

第八章 南洋大楼旧址

南洋大楼旧址位于汉口中山大道708号，建于1921年，由美国汉明(HENMING)建筑师事务所设计，汉合顺营造厂承建，主楼高五层，占地面积885m²，总建筑面积4747m²。南洋大楼原是南洋华侨简氏两兄弟所创建的南洋兄弟烟草公司汉口分公司所在地，1926年12月国民党中央党部和国民政府由广州迁到武汉，南洋大楼成为国民政府在武汉的办公大楼。1996年11月，武汉国民政府旧址被国务院公布为全国重点文物保护单位。

第一节 历史沿革

南洋大楼旧址历史沿革

时 间	事 件
1917年	由南洋华侨简照南、简照强兄弟创办的中国南洋兄弟烟草股份有限公司在汉口成立分公司，并聘请美国汉明建筑师事务所设计，汉合顺营造厂承建，动工兴建公司大楼。
1921年	南洋大楼建成。 图8-1 南洋大楼老照片（图片来源于网络）
1927年1月1日	国民政府由广州迁到武汉后，国民政府正式在汉口中山大道的南洋大楼办公。
1956年	南洋大楼被武汉市人民政府公布为武汉市文物保护单位。
1986年	南洋大楼的主楼进行了全面维修，二楼为大华饭店。
1988年	南洋大楼主楼三楼恢复了原国民党二届二中全会会场和武汉国民政府部分办公用房等，举办了“武汉国民政府史迹陈列展”，成立了专门的管理机构。
1992年	南洋大楼被湖北省人民政府公布为湖北省文物保护单位。
1996年11月	南洋大楼作为武汉国民政府旧址被国务院公布为全国重点文物保护单位。
1997年	武汉市委、市政府将武汉国民政府旧址管理所更名为“武汉国民政府旧址纪念馆”。

第二节　建筑概览

南洋大楼平面呈不规则形状，主入口设于中山大道，大楼主楼高五层，正面中央凸起两层尖顶塔楼，两侧为圆顶塔楼，顶层有回廊。正立面为洗麻石粉面，立面取消古典柱式，横向采取五段式构图，两侧和中间部分凸出，使立面看起来层次分明。窗户为简洁的方窗，部分窗户设有小阳台，给立面加以点缀而不至于单调。窗户不设窗楣，但两侧有精美的装饰。整座大楼坚固雄伟、富丽典雅，是当时武汉地区屈指可数的高大豪华建筑之一，也是较早使用电梯的建筑之一。

南洋大楼旧址照片详见图8-2至图8-13 所示。

图8-2　南洋大楼旧址透视实景图

图8-3　南洋大楼旧址北立面实景图

图8-4　南洋大楼旧址东立面实景图

图8-5　南洋大楼旧址南立面实景图

图8-6　南洋大楼旧址西立面实景图

图8-7　主入口

图8-8　塔楼

图8-9　阳台

图8-10　装饰细部

图8-11　细部构件

图8-12　大厅内景

◆　图8-13：南洋大楼三楼复原了当年武汉国民政府部分办公用房，供游人参观。

（a）

（b）

（c）

（d）

图8-13　展览厅内部

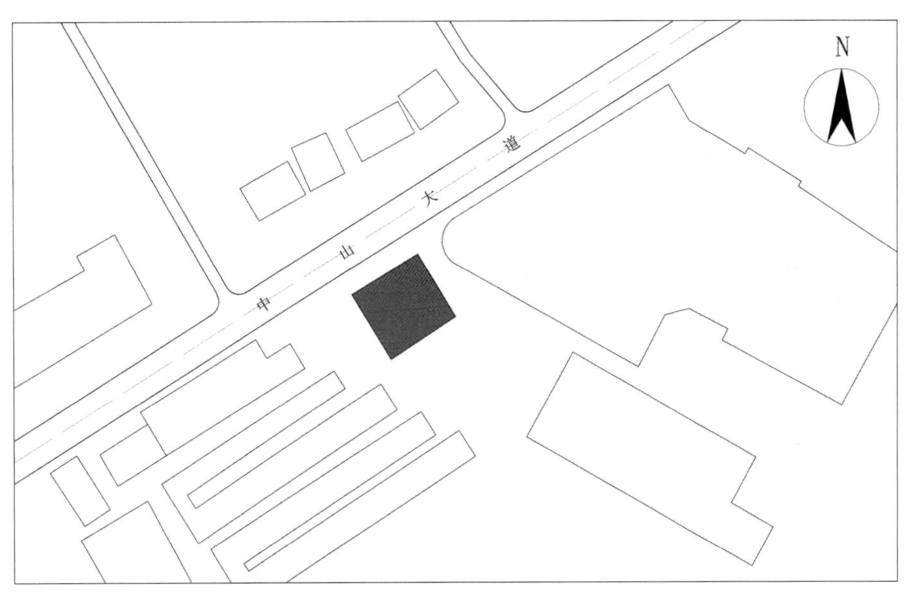

图8-14　街道关系

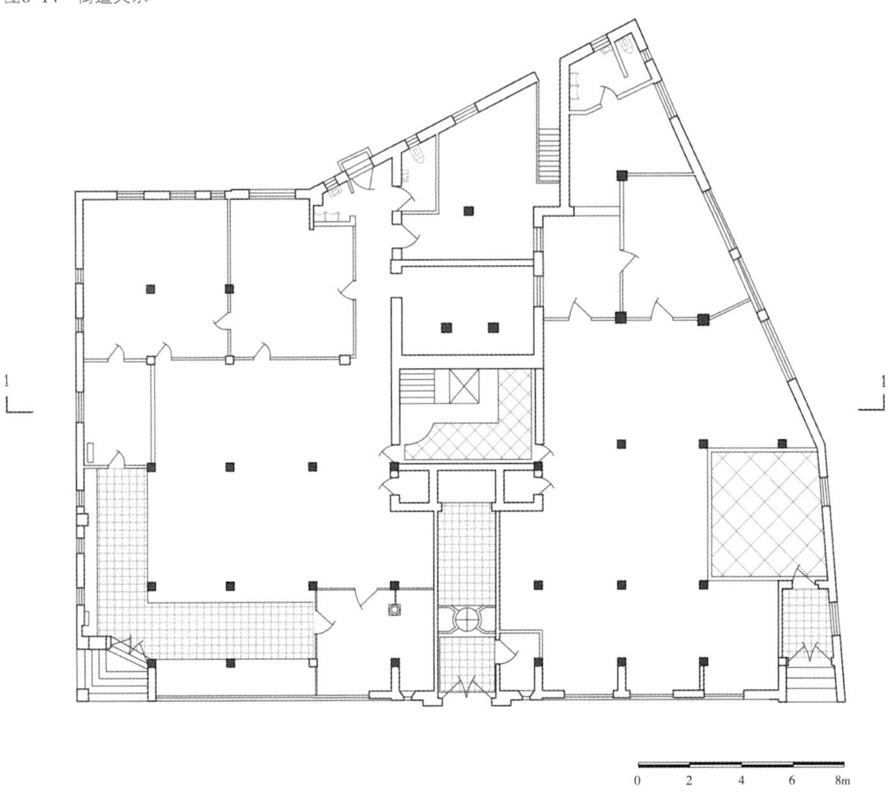

图8-15　一层平面图

第三节　技术图则

依据建筑实测图纸，部分辅以三维建模，用技术图则方式解析南洋大楼旧址建筑的环境布局、平面布置、功能流线、围护结构、采光及通风等规划建筑诸元素。南洋大楼旧址技术图则详见图8-14 至图8-30所示。

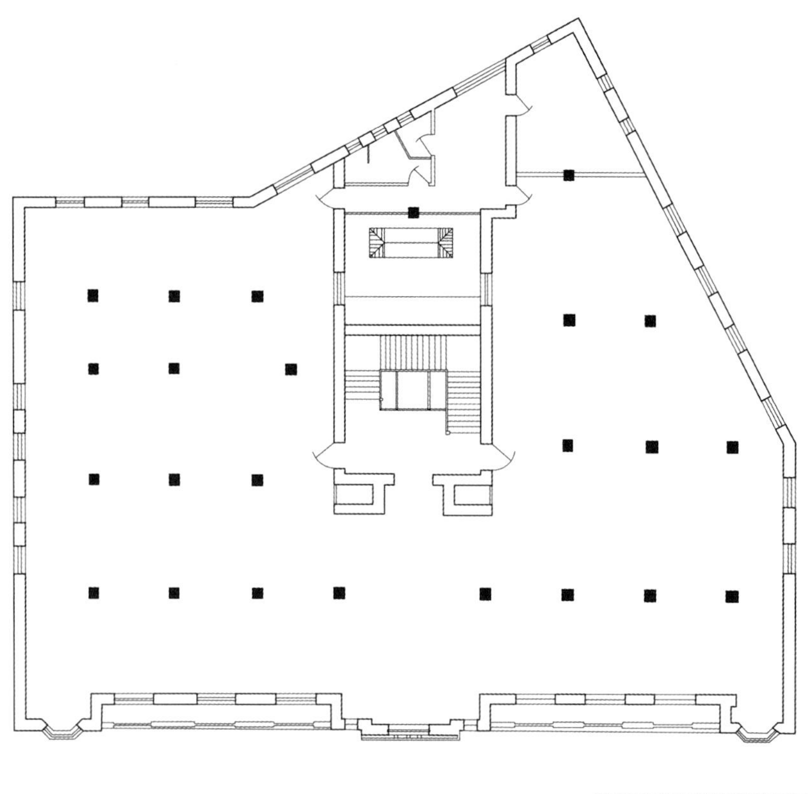

图8-16　二层平面图

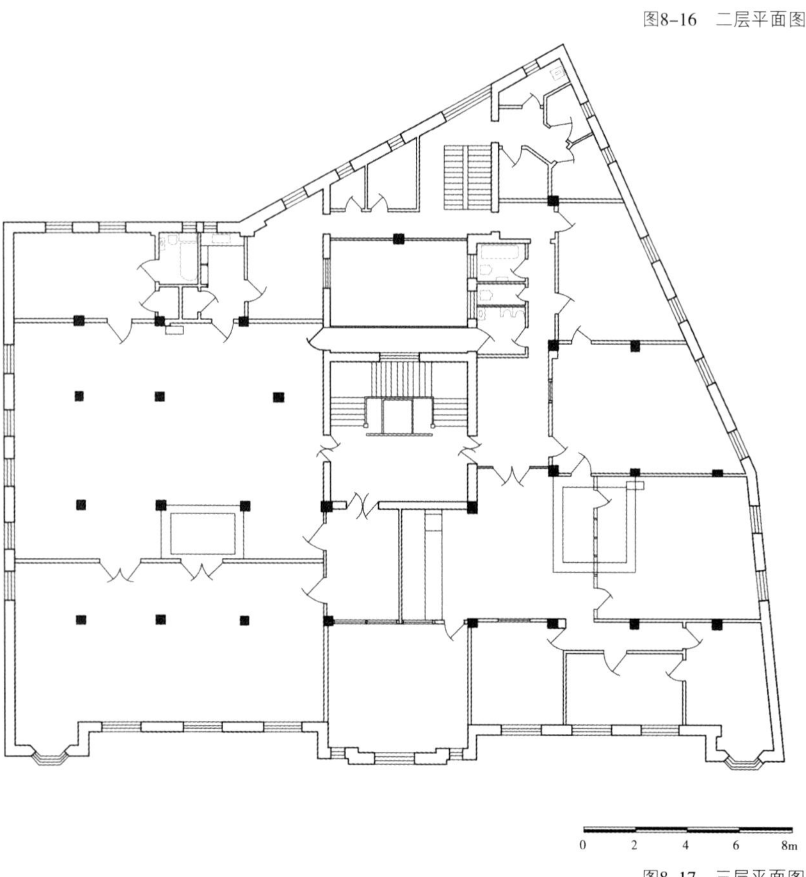

图8-17　三层平面图

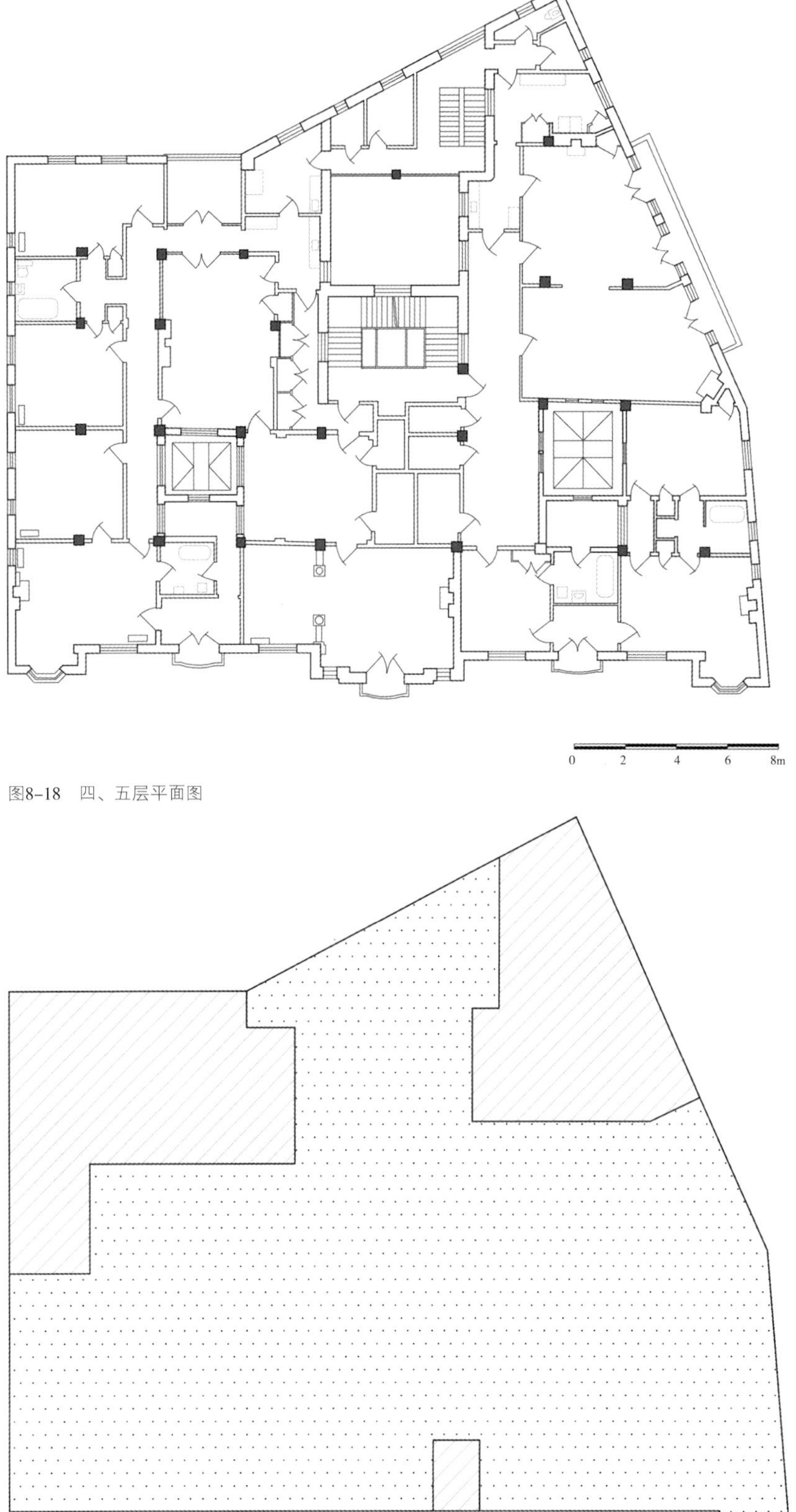

图8-18 四、五层平面图

图8-19 公共与私密

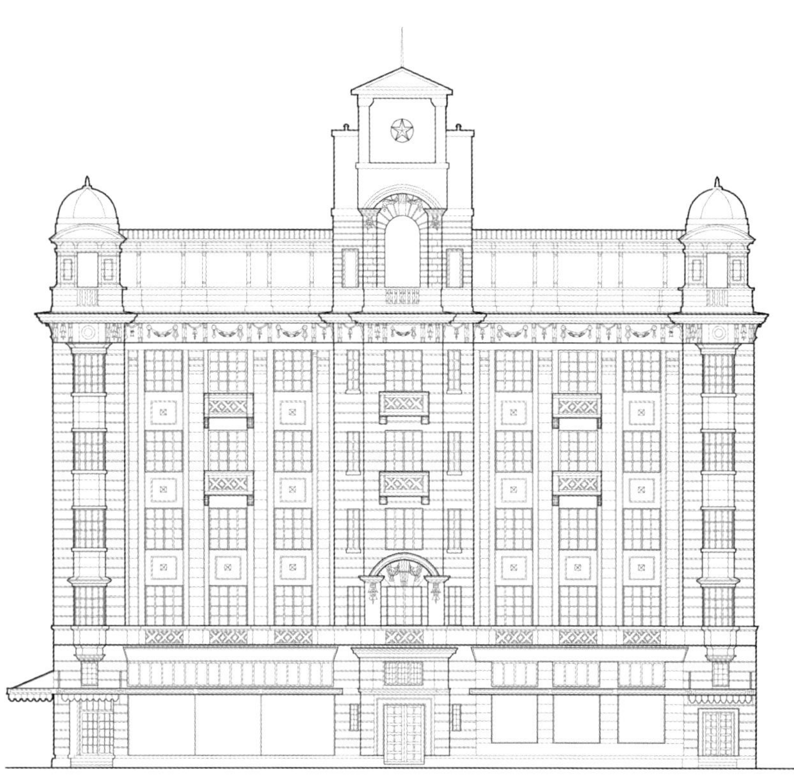

图8-20　北立面图

◆　图8-20：南洋大楼立面不再以古典柱式构图，也没有复杂多余的装饰，有了现代建筑的影子。

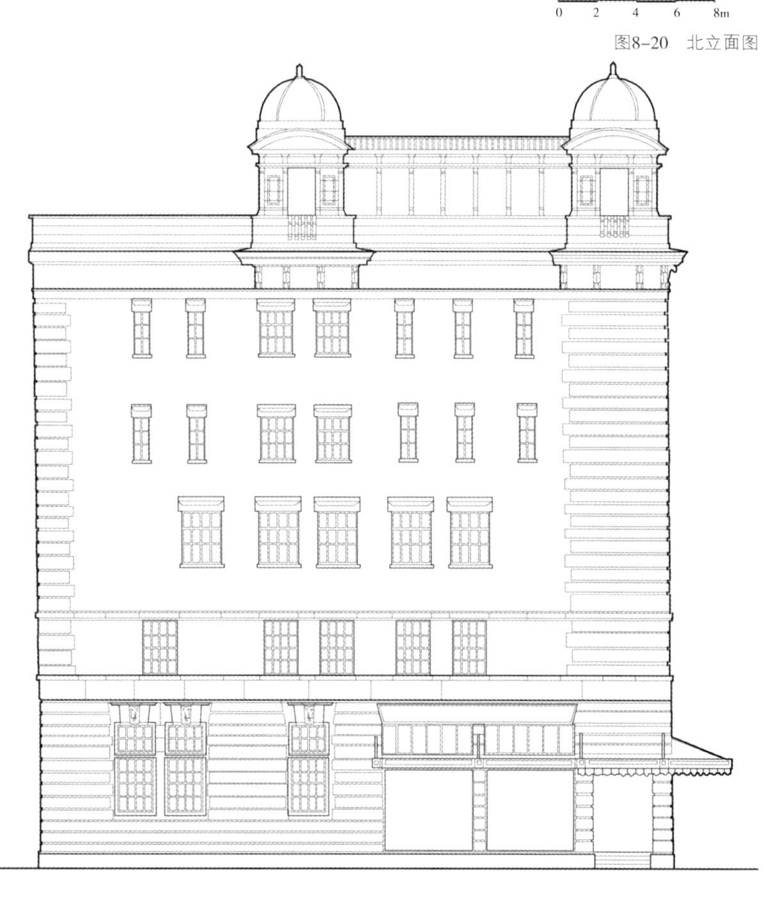

图8-21　东立面图

图8-22　南立面图

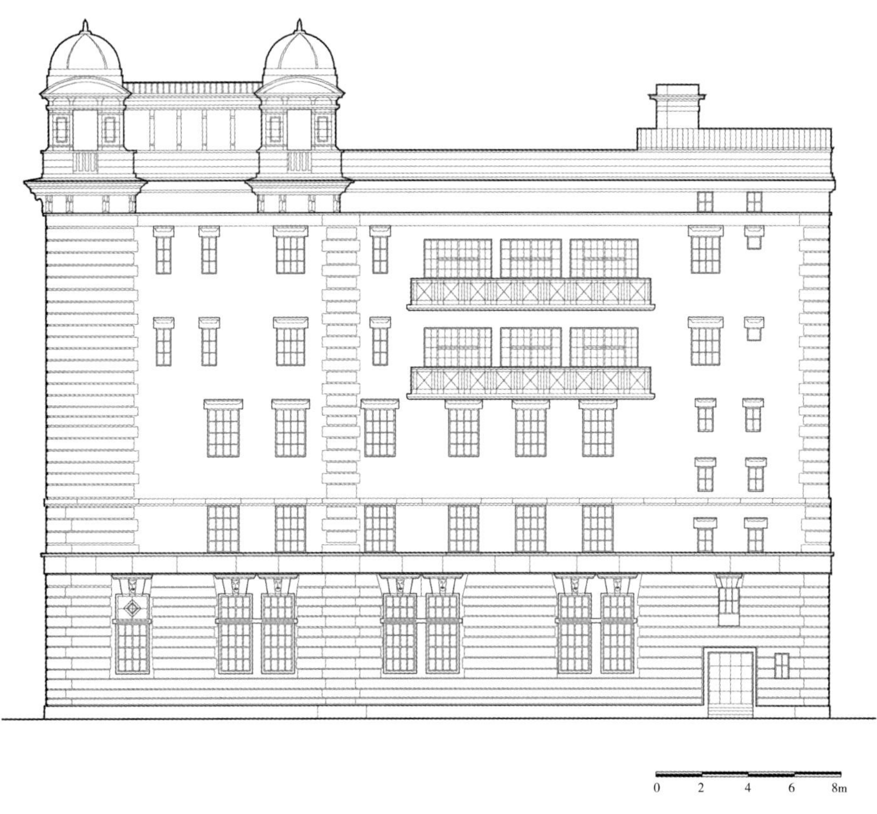

图8-23　西立面图

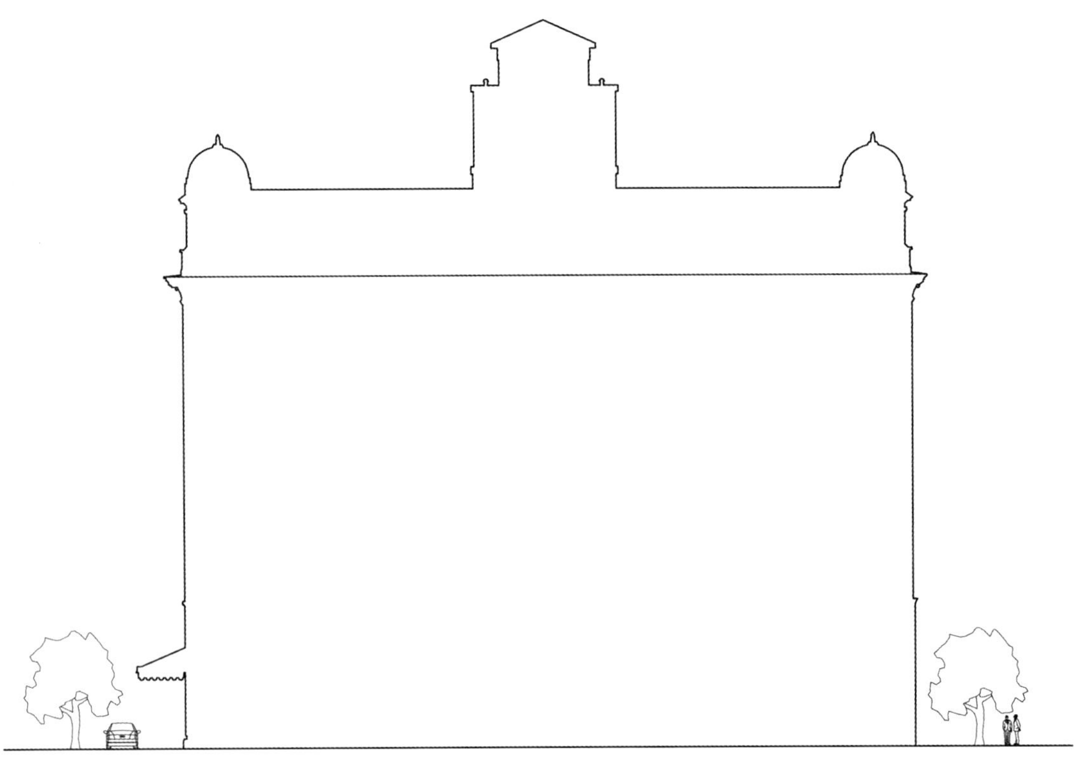

图8-24　体量关系

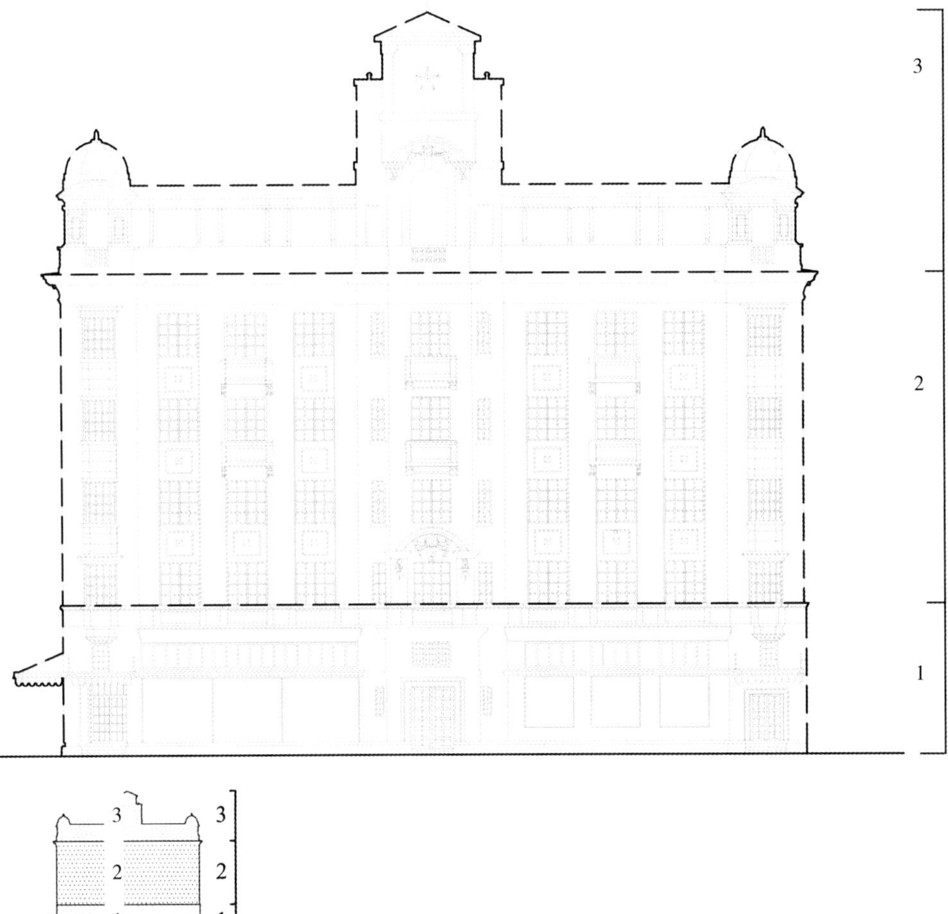

图8-25　竖向三段式构图

◆ 图8-25、图8-26：“横五纵三”是一种常见的古典主义建筑设计手法，这样的建筑显得端庄典雅。

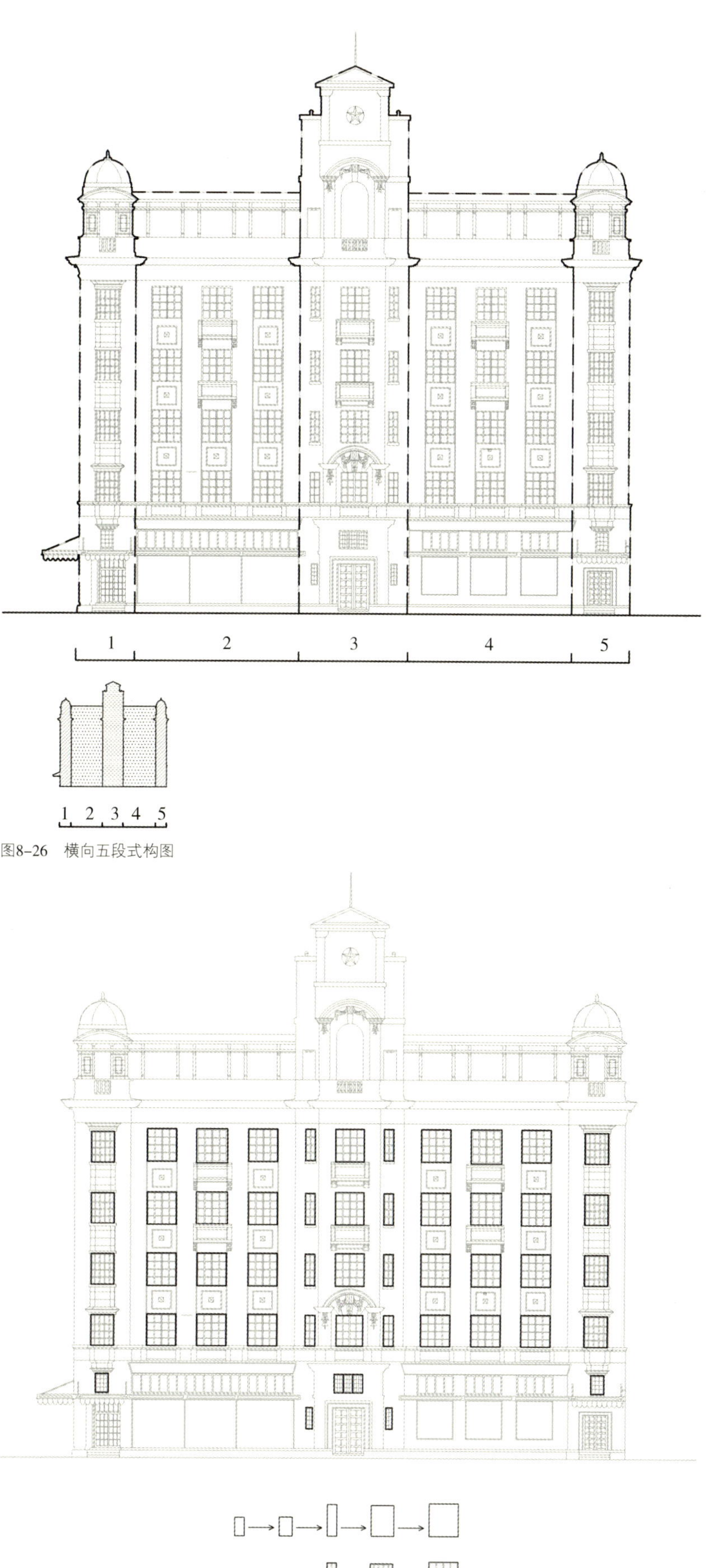

图8-26 横向五段式构图

图8-27 重复与变化

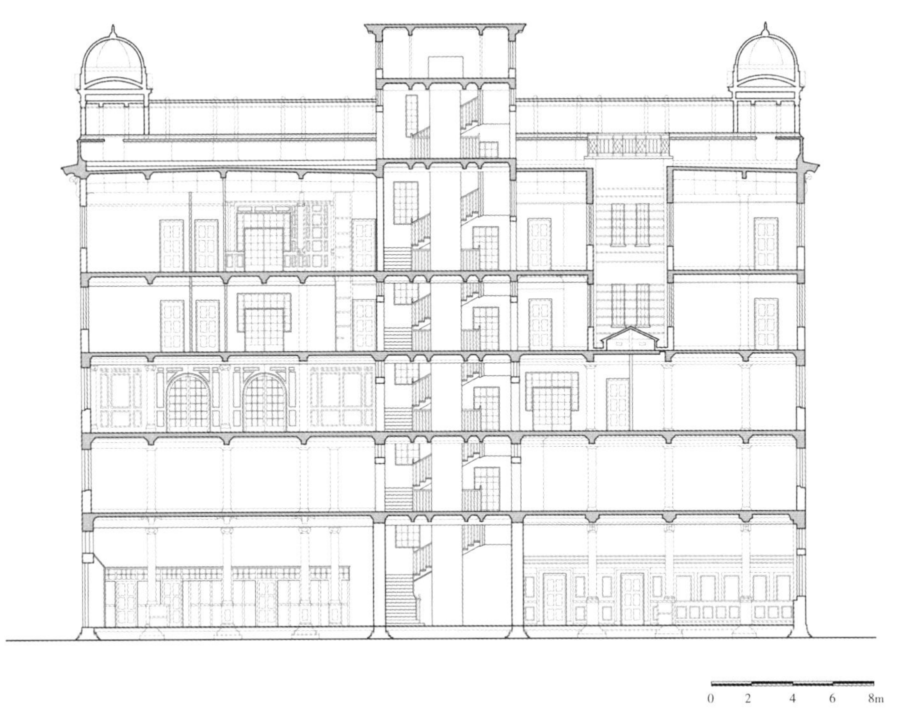

图8-28　1-1剖面图

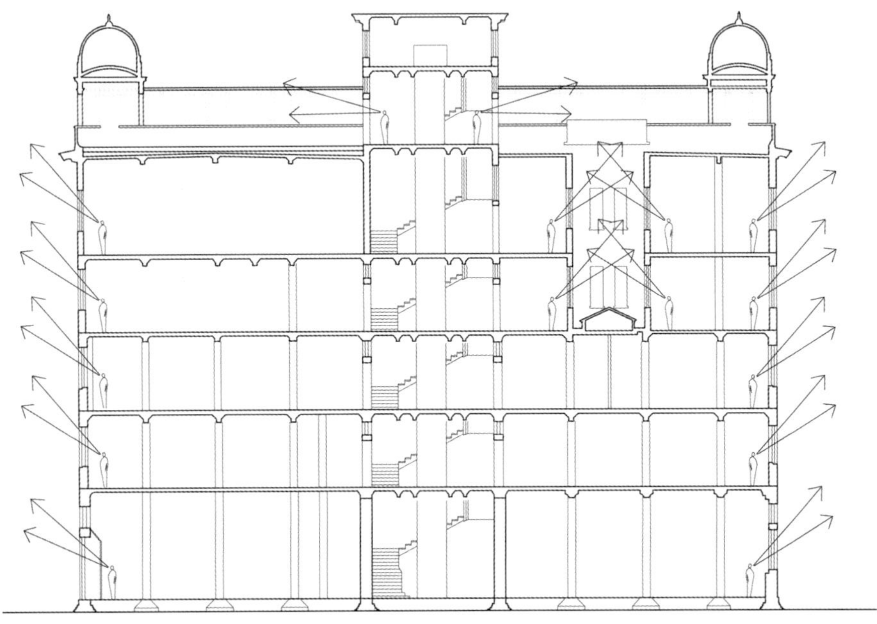

图8-29　视线分析

◆　图8-29、图8-30：建筑四层以上局部设计天井，通常人们认为天井仅仅起到将自然光和自然风引入室内的作用，但其更深层次的意义在于营造共享空间的聚合氛围和室内小环境景观的优化作用。

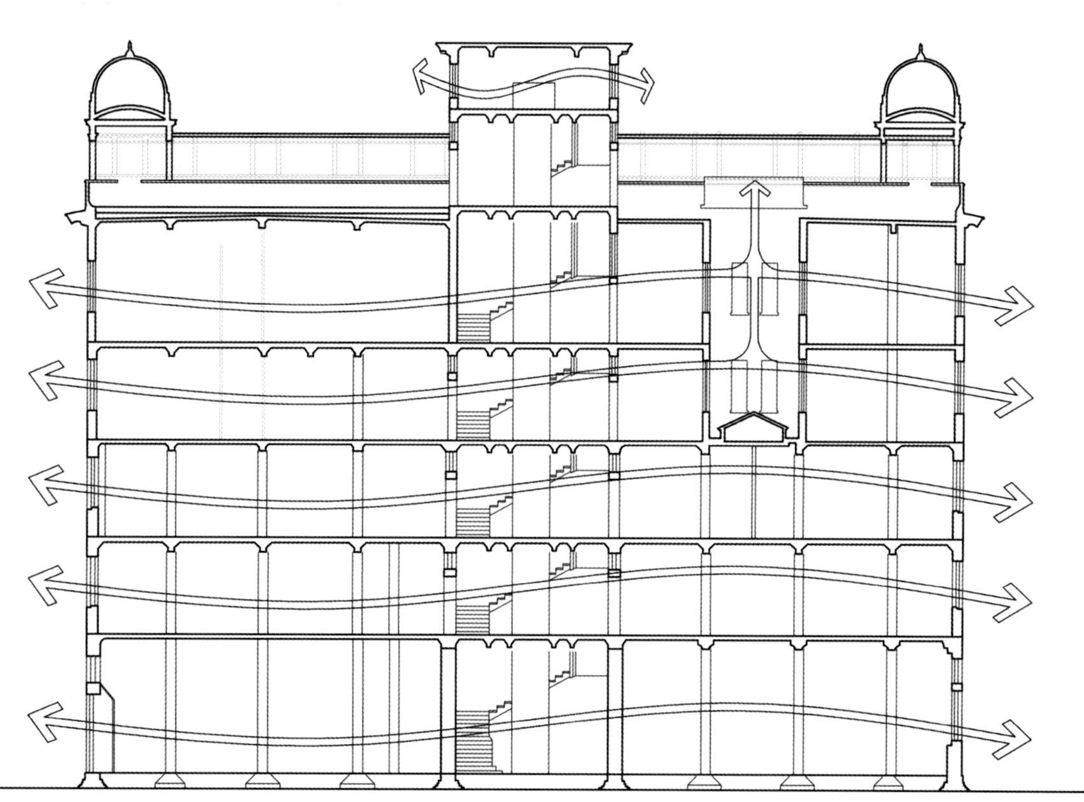

图8-30　通风分析

09

第九章

第九章 汉口景明大楼

景明洋行俗称“景明大楼”，位于江岸区鄱阳街53号青岛路口。大楼1920年动工，1921年建成，地上六层，地下一层，钢筋混凝土结构。它是由英国景明洋行自己设计和建造的，占地面积575.04m²，建筑面积3611.46m²，使用面积2399.08m²，建筑费约为白银8万两，装修和设备的费用约为白银6万两。第二次世界大战后，景明洋行停办，景明大楼被用作外侨公寓。该楼现为武汉市各民主党派办公楼，所以也称“民主大楼”。

第一节 历史沿革

汉口景明大楼历史沿革

时 间	事 件
1908—1910年	英国伦敦皇家建筑学院的建筑师海明斯和伯克利于汉口开埠后来此，在创建景明洋行之前，他们在汉口从事各种建筑设计工作。由于是英国人，又懂得建筑工程技术，因而英国领事馆和工部局以及洋行、银行都乐意支持他们，介绍了很多建筑设计业务并给予了一些资助。后来在汉协盛营造厂老板沈祝三支持下成立了景明洋行。
1920—1921年	在汉口鄱阳街53号青岛路口建成景明洋行大楼。一、二两层由景明洋行自用，其余各层出租给各国侨商。
1930年	卢镛标离开景明洋行，开设了汉口第一家华人建筑师事务所——卢镛标建筑设计所。韩贝礼和石格士两位德国工程师也各自挂牌开设建筑设计事务所。
1938年10月	武汉沦陷以后，景明大楼被日军占领，海明斯回英国。洋行被迫歇业。
1944年	美机炸毁隔壁同仁里，大楼平台及地下室受到损坏。
1948年	一至四楼分别出租给英、美侨民和犹太人用作公寓。五楼由一个犹太人租作俱乐部，开设赌场及舞厅。
20世纪中期	景明洋行撤离中国，房屋交给法国人博利国代管。之后代管人声明放弃代管责任，大楼被政府接管，作为武汉市各民主党派办公地。
1998年	景明大楼被公布为武汉市文物保护单位。
2004年	大楼进行了整体的维修。
2008年	景明大楼被公布为湖北省文物保护单位。

第二节 建筑概览

景明洋行是武汉近代最重要的建筑设计机构，留下了许多优秀的建筑作品，类型丰富，包括银行、洋行、饭店、仓库、工厂、住宅、里弄等。本书中提到的许多建筑也都是景明洋行设计的，其作品融合了西方古典主义、Art Deco、现代主义风格，促进了当时武汉建筑艺术的发展。最早将钢筋混凝土技术引入武汉的也是景明洋行。著名建筑师卢镛标年轻时在景明洋行当学徒，他在1930年成立了汉口第一家

华人建筑师事务所——卢镛标建筑设计所。除了卢镛标，景明洋行还培养了大批华人建筑师，它可以称得上是建筑设计师的摇篮。

景明大楼建筑风格受到当时新建筑运动的影响，外观处理简洁现代，没有古典主义的繁复装饰，内部平面布局紧凑。立面设计采取结构支配外观的手法，采用横三段、纵三段构图，大部分为通透的玻璃窗，注重自然采光通风。底层较高，花岗石砌筑，顶部挑出腰线。建筑三到五层的两侧挑出多边形阳台，六层在两侧挑出长方形阳台。屋顶出檐较深，在檐口下方有中式支托。建筑立面装饰简洁，层次错落，虚实对比，使建筑生动了起来。

建筑平面是一个不规则的多边形，因为受地形限制，有一边是锐角。建筑底层为办公用房，二层和三层为公寓用房，四层和五层为业主的住所。楼内有小型升降电梯，大理石及水磨石的旋转楼梯贯通整幢大楼。房间内全部为木地板。木质壁龛沿墙一直到顶。门窗、橱柜、护墙板为柳木、柏木、桉木和麻杰木铺装，建筑各层楼均有卫生、暖气、水泵等设备。

汉口景明大楼照片详见图9-1至图9-11所示。

(a)

(b)

图9-1　景明大楼透视实景图

图9-2　景明大楼正立面街景图

图9-3　景明大楼正立面局部实景图

图9-4　景明大楼侧立面局部实景图

（a）

（b）

图9-5　建筑局部实景图

图9-6　阳台和大玻璃窗

图9-8　标识牌

图9-7　檐部细节

图9-9　玻璃方窗

图9-10　铁门

图9-11　柱式

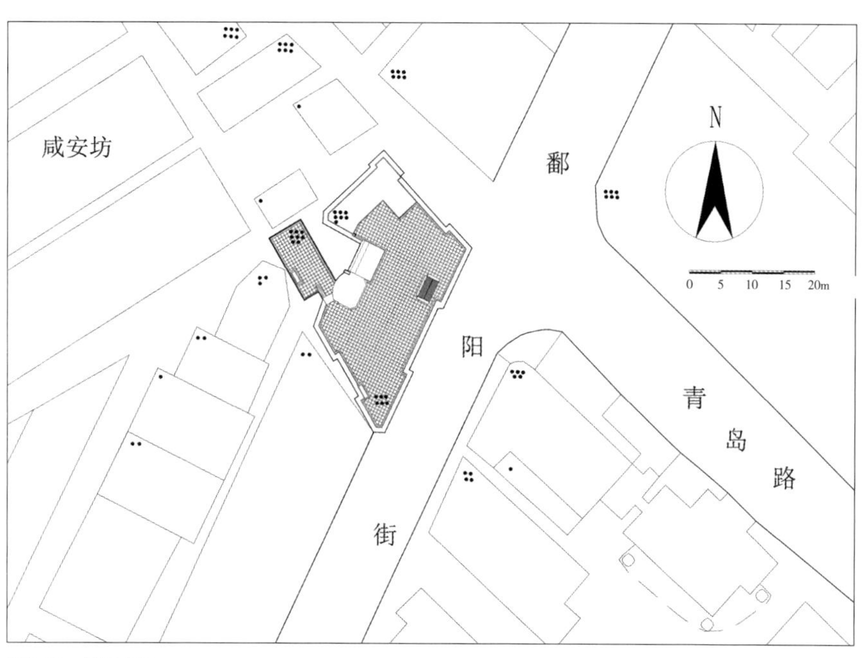

图9-12　总平面图

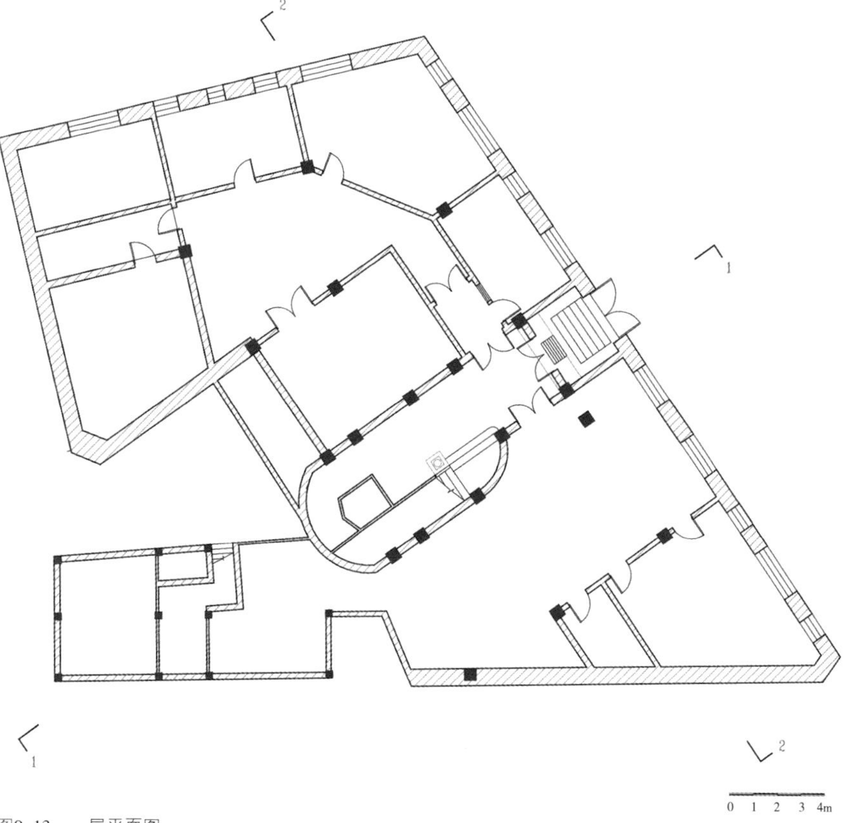

图9-13　一层平面图

第三节　技术图则

依据建筑实测图纸，部分辅以三维建模，用技术图则方式解析汉口景明大楼建筑的环境布局、平面布置、功能流线、围护结构、采光及通风等规划建筑诸元素。汉口景明大楼技术图则详见图9-12至图9-34所示。

◆　图9-13：建筑平面近似“凹”形，其好处是有利于增大采光与通风面积。

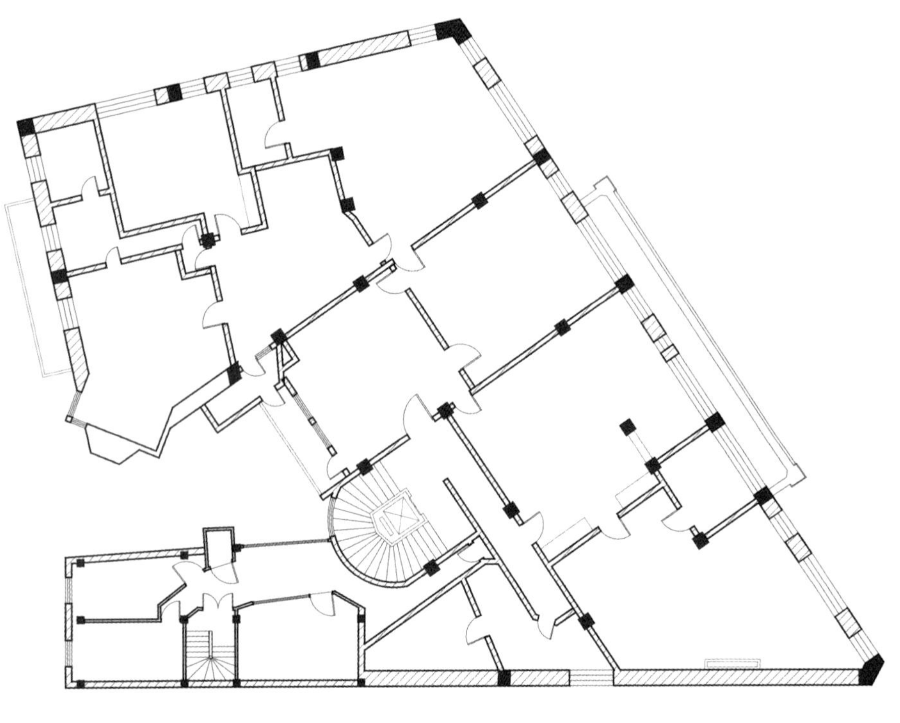

图9-14 二层平面图

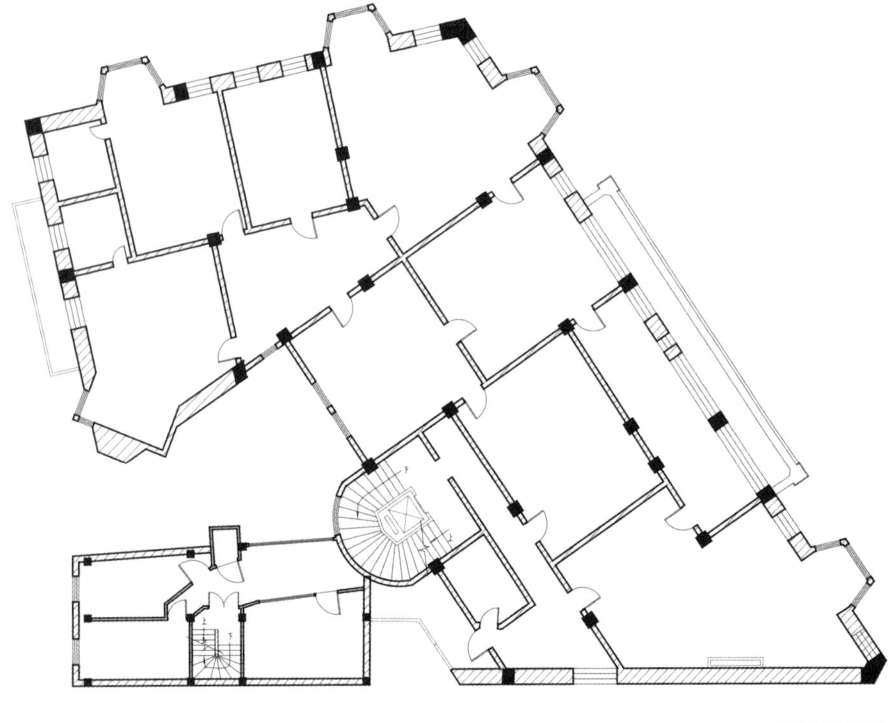

图9-15 三层平面图

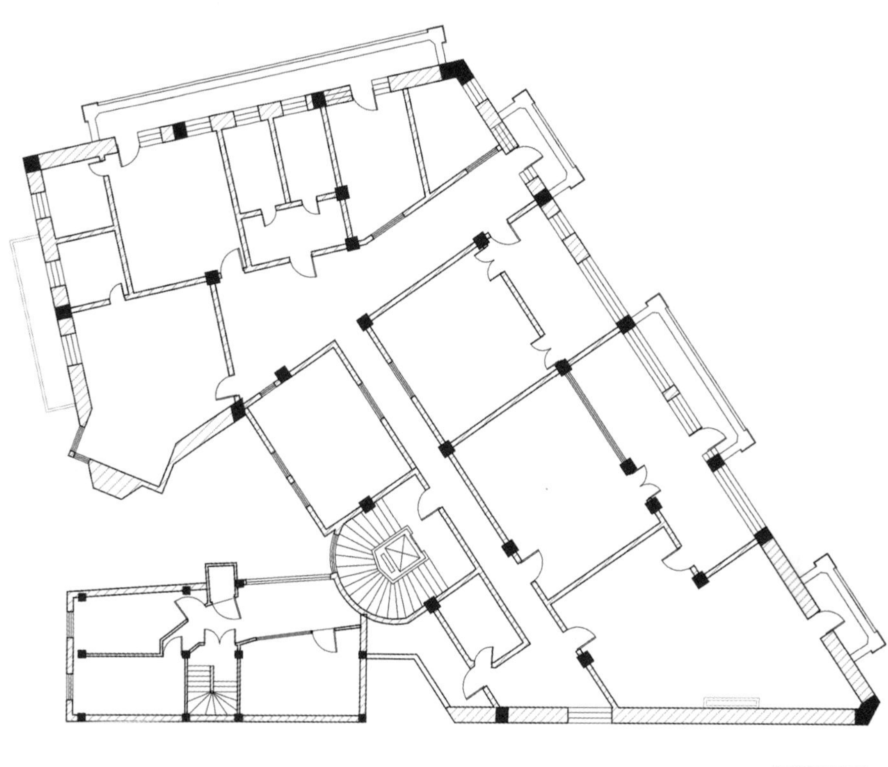

图9-16　四、五层平面图

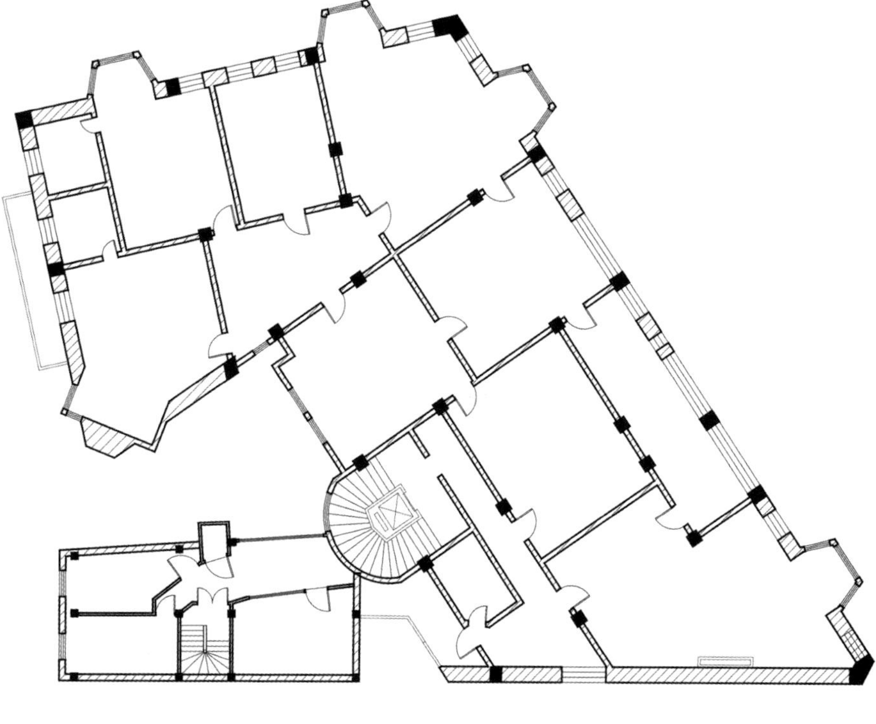

图9-17　六层平面图

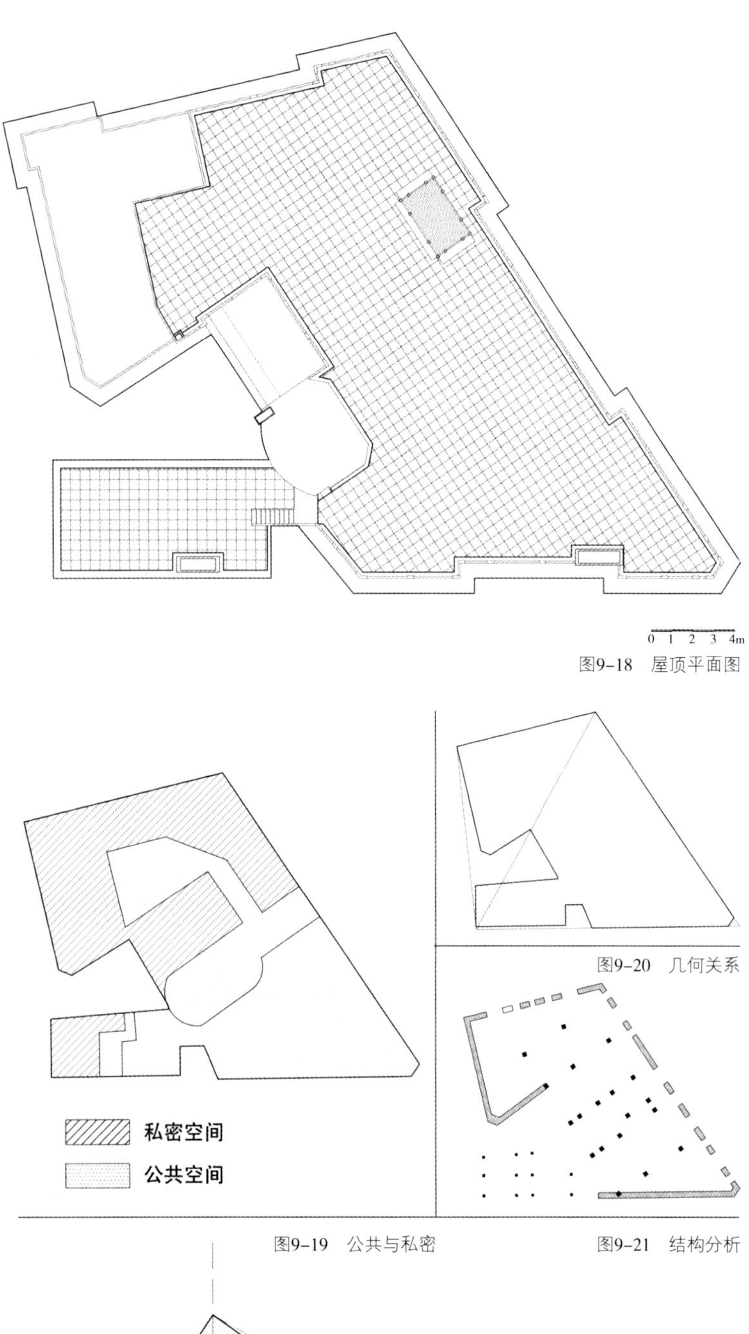

图9-18　屋顶平面图

图9-20　几何关系

图9-19　公共与私密

图9-21　结构分析

图9-22　动态与均衡

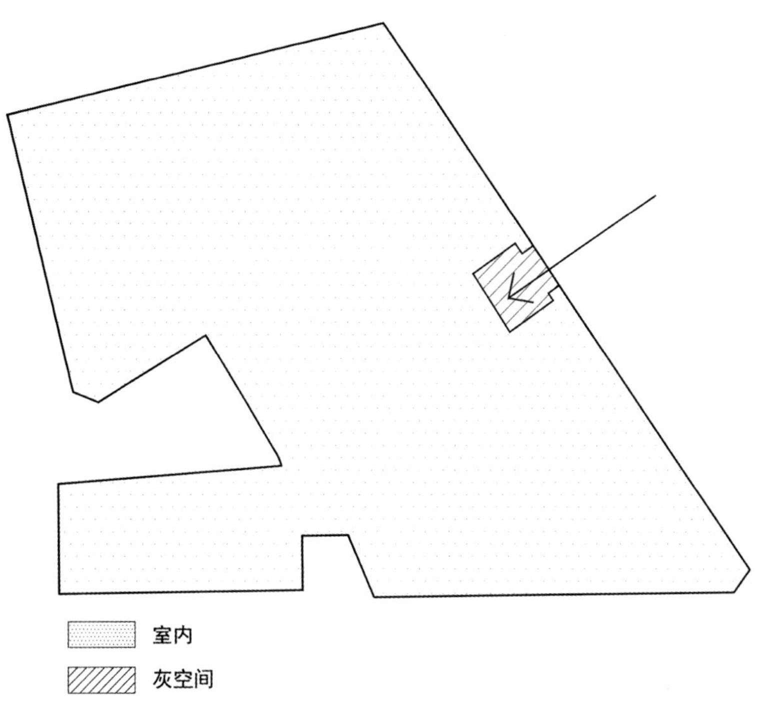

图9-23　灰空间

图9-24　正立面图

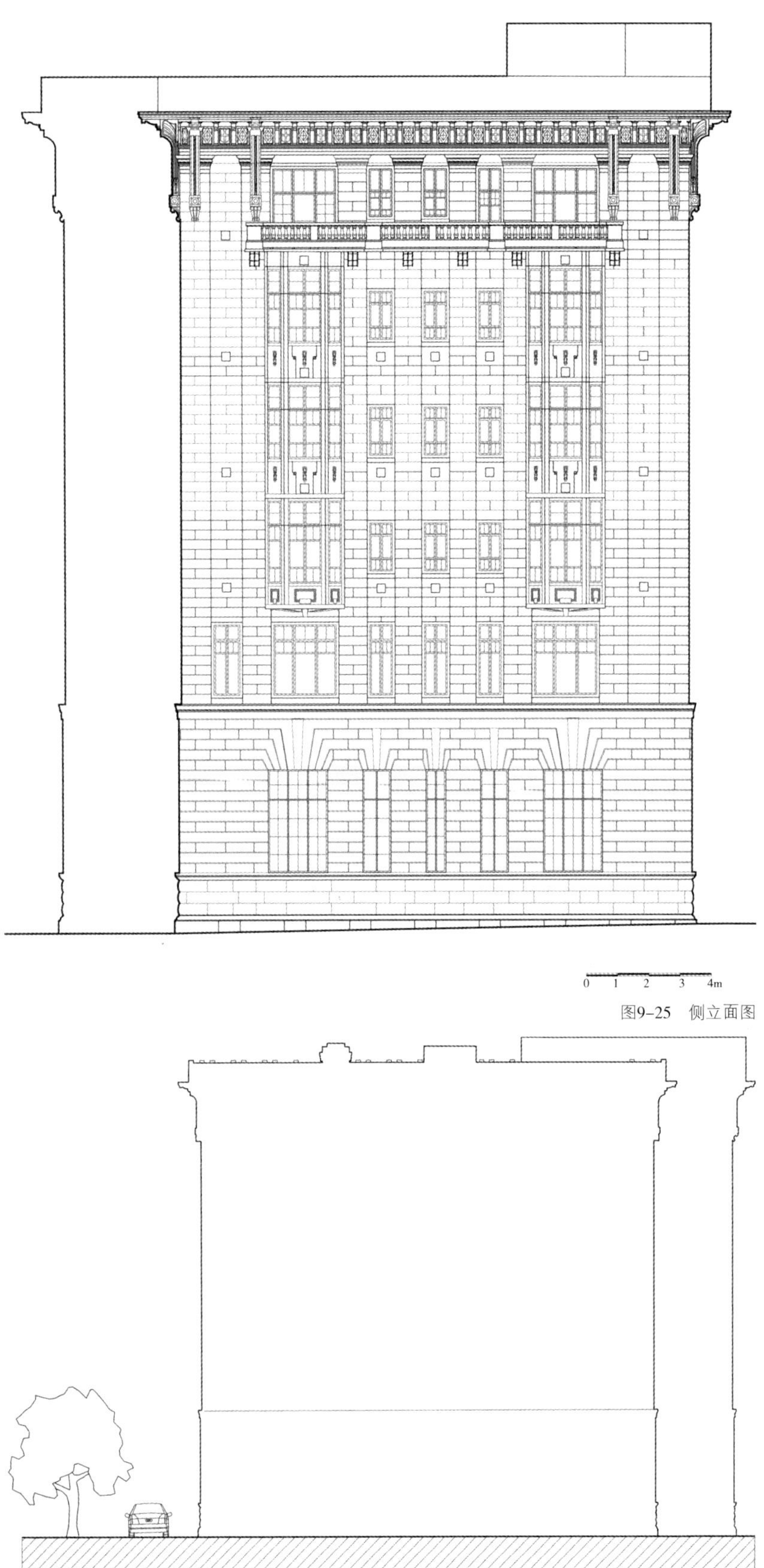

图9-25　侧立面图

图9-26　体量关系

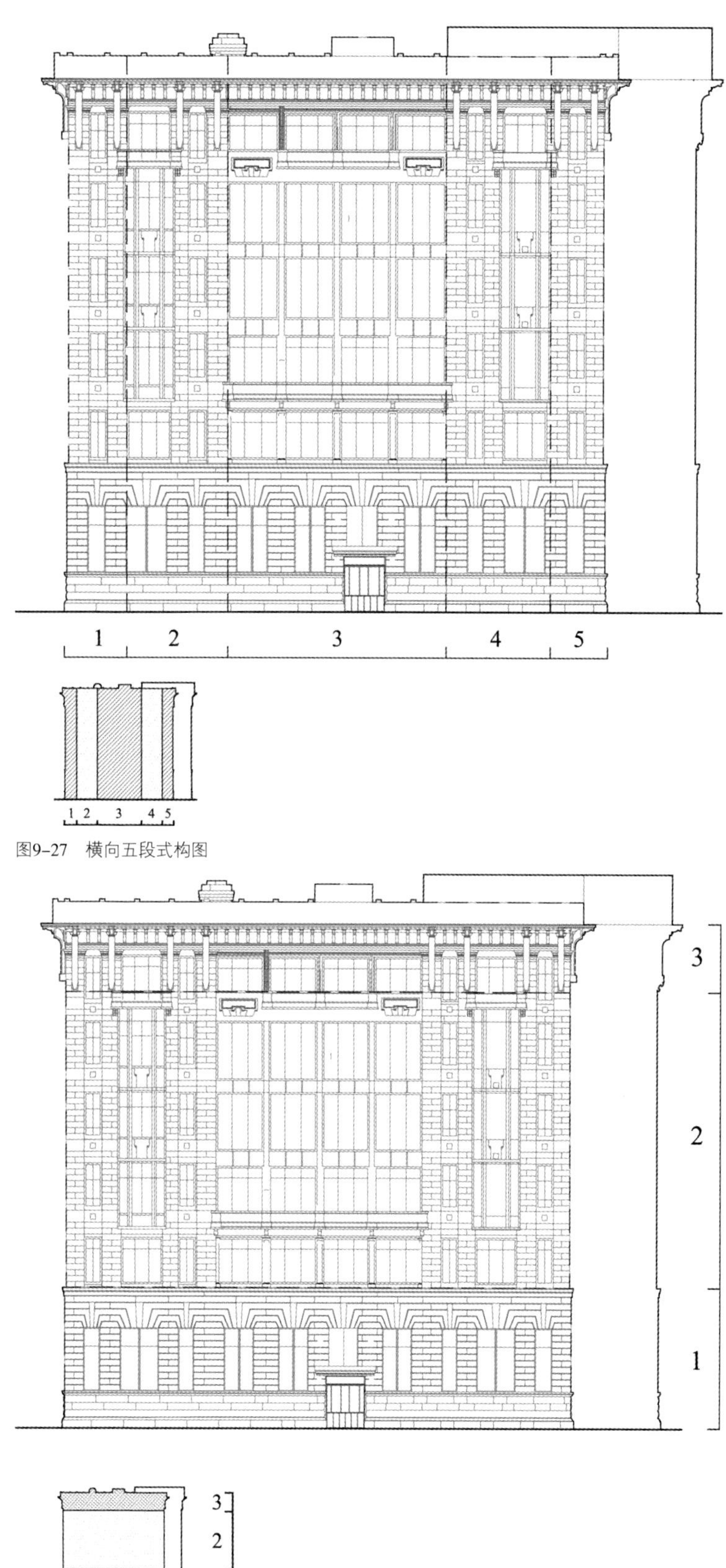

图9–27　横向五段式构图

图9–28　竖向三段式构图

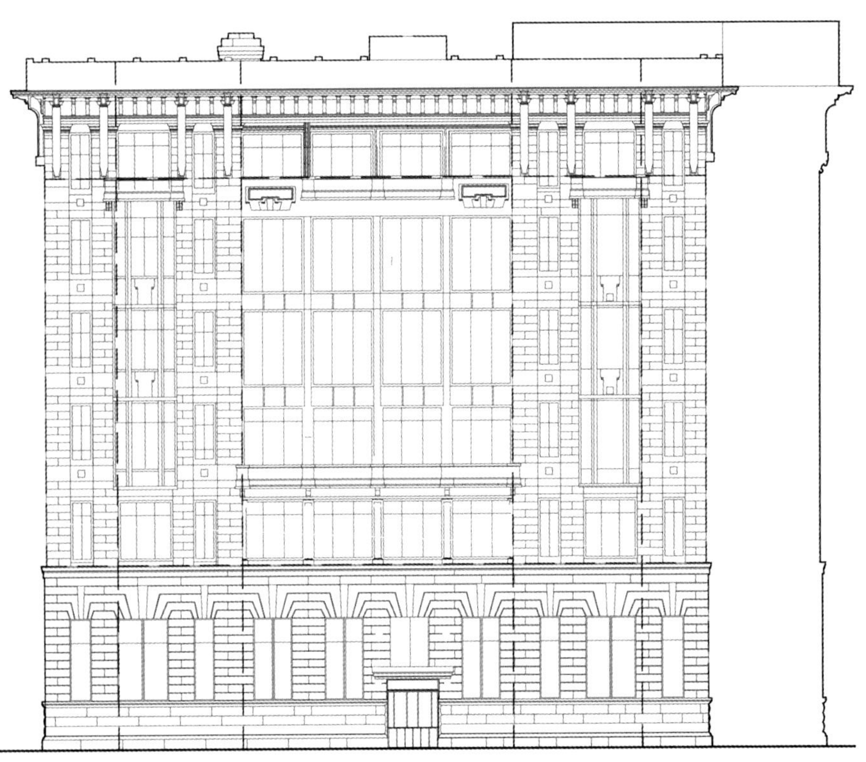

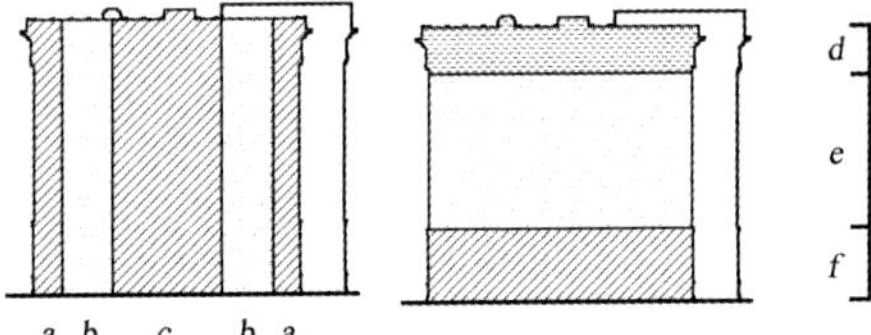

$a:b:c=d:f:e=2:3:6$

图9–29　立面构图比例

图9-30　重复与变化

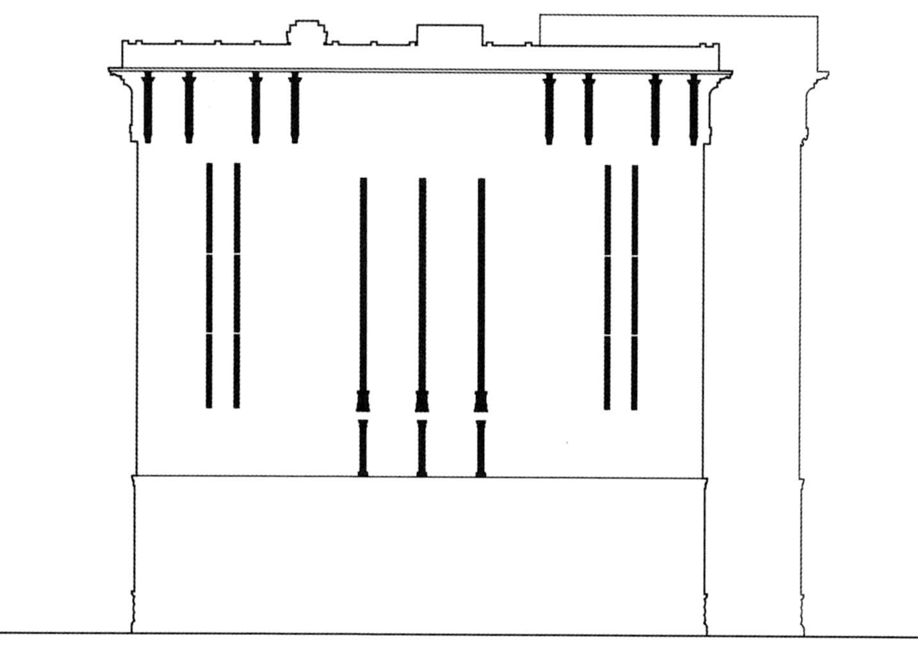

图9-31　韵律

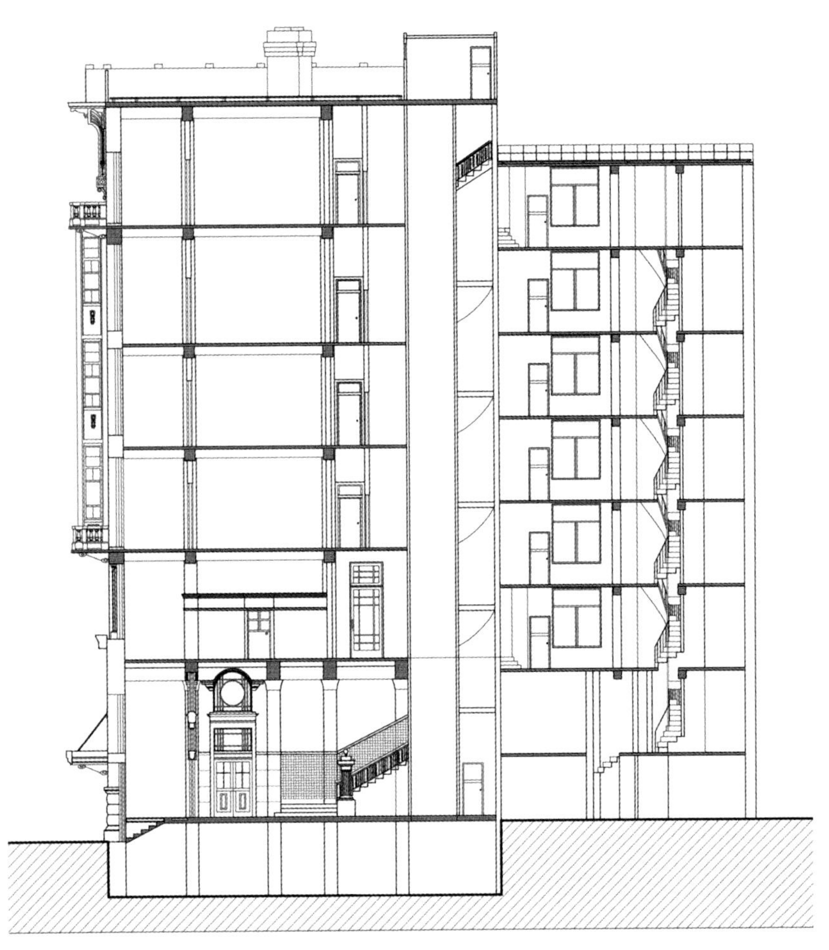

图9-32　1-1剖面图

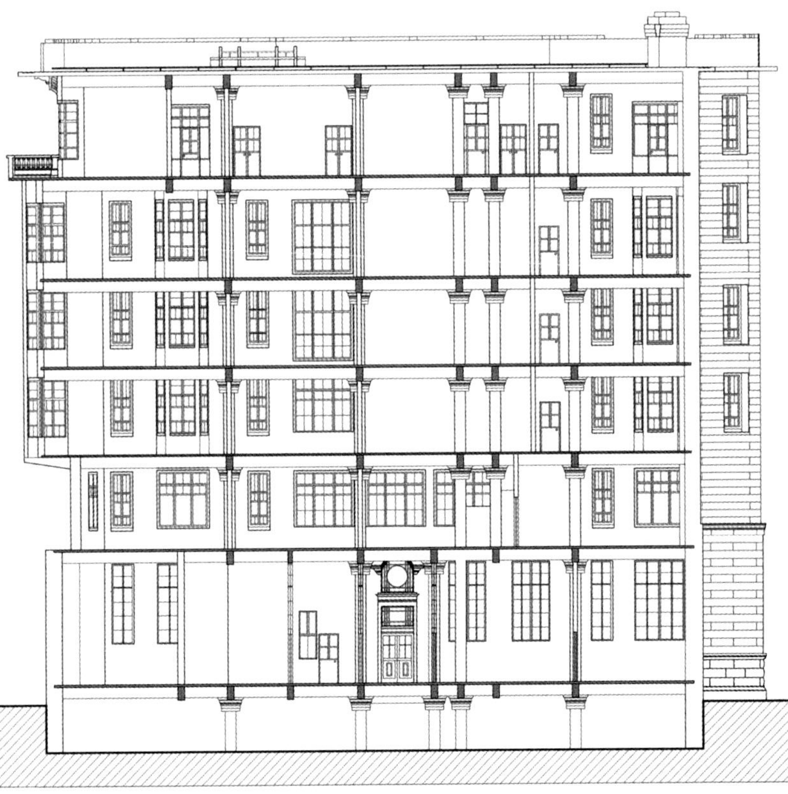

图9-33　2-2剖面图

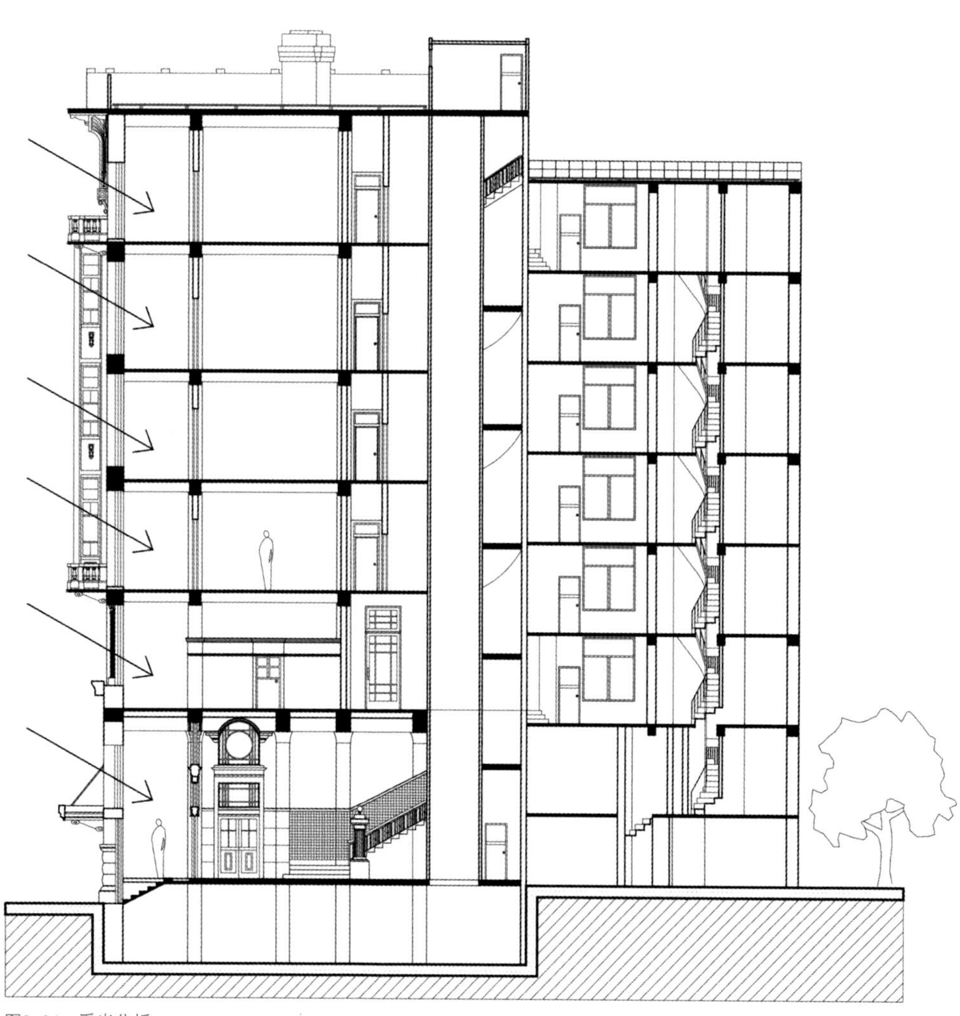

图9-34　采光分析

10
第十章

第十章 卜内门洋行旧址

卜内门洋行又称英国卜内门洋碱公司，是世界闻名的纯碱、肥料、化学制品的制造商。1926年经过改组，成为英国帝国化学工业集团，是全球最大的建筑装饰漆供应商。卜内门洋行一度在上海、香港、广州、厦门、汕头、福州、重庆、天津、大连、青岛、汉口、哈尔滨等城市开设分支机构。新中国成立前夕，公司迁往香港。

汉口卜内门洋行旧址位于今胜利街71号，1921年由景明洋行设计，汉协盛营造厂施工，三层砖混结构。该楼目前闲置，背立面十分残破，急需保护性修缮。

第一节 历史沿革

卜内门洋行旧址历史沿革

时 间	事 件
1921年	卜内门洋行汉口分行建成。
1952年	卜内门洋行汉口分行撤离汉口。

第二节 建筑概览

汉口的卜内门洋行大楼是一幢样式简洁的办公楼，摒弃了传统的设计手法，注重使用功能，建筑为三段式构图，清水外墙面，花岗石勒脚，檐口线用水泥粉刷，与基座色调相呼应，门窗造型统一，周围有简洁雕花装饰，整栋建筑清新淡雅，简洁朴实。如今的卜内门洋行旧址已没有了当初的模样，清水外墙已被大面积饰面砖所替代，粉刷花式也消失殆尽，门窗全部换成了铝合金材质，大门安上了铁栅栏，楼顶也进行了加盖，原有的古朴风格已不复存在，只有背面、侧面能够看到一点点原来的影子。

卜内门洋行旧址照片详见图10–1至图10–5所示。

（a）

（b）

图10-1 卜内门洋行透视实景图

图10-2 卜内门洋行沿胜利街立面实景图

图10-3 卜内门洋行背立面实景图

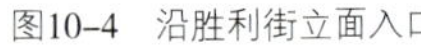
图10-4 沿胜利街立面入口

图10-5 背立面入口

第三节　技术图则

依据建筑实测图纸，部分辅以三维建模，用技术图则方式解析卜内门洋行旧址建筑的环境布局和立面构成。卜内门洋行旧址技术图则详见图10-6至图10-9所示。

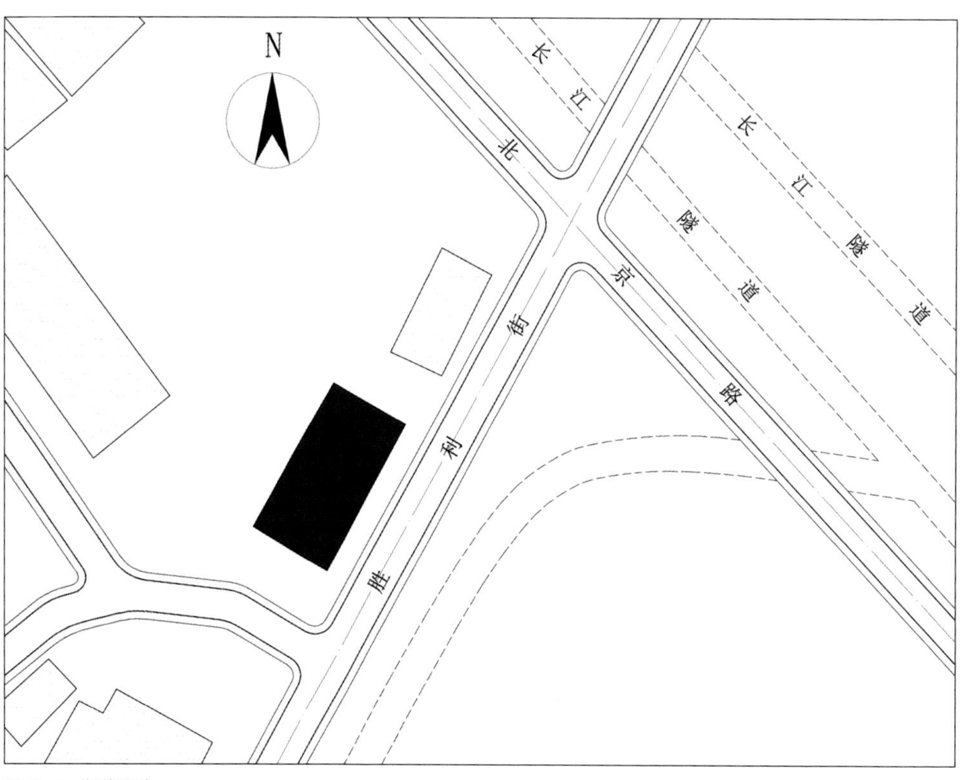

图10-6　街道关系

图10–7　背立面图

图10–8　侧立面图

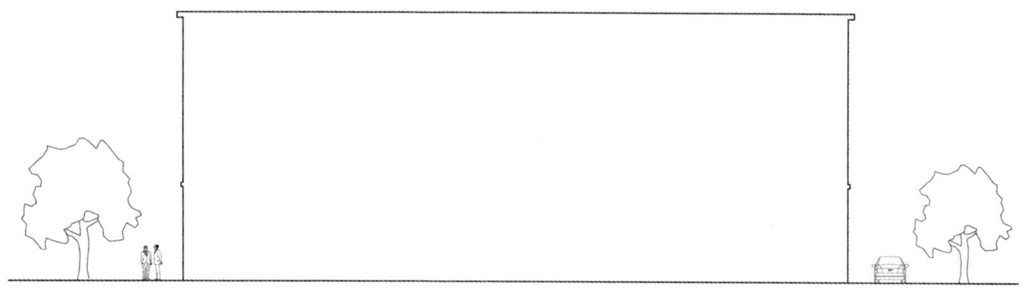

图10–9　体量关系

11
第十一章

第十一章 三北轮船公司旧址

三北轮船公司由虞洽卿在1913年独资开办，总部在上海，因其有慈北、姚北、镇北三艘轮船，故名“三北轮船公司”。1914年在汉口江边辟建“三北码头”，1915年成立汉口分公司。1922年在今沿江大道167号建成四层办公大楼，设计者不详，汉协盛营造厂施工。现一层为商铺，楼上为职工宿舍。

第一节 历史沿革

三北轮船公司旧址历史沿革

时 间	事 件
1913年	虞洽卿独资开办三北轮船公司，总部在上海。
1915年	三北轮船公司设汉口分公司，成为该公司由沿海向内河扩张的一个重要驿站。
1922年	三北轮船公司大楼建成。
1949年	左右两侧长方形楼体加建一层，破坏了原有的结构。
1953年	三北轮船公司汉口分公司公私合营，三北轮船公司消失在历史的长河中。

第二节 建筑概览

三北轮船公司大楼没有巴洛克式圆拱，没有洛可可式的砖雕，却是沿江大道最值得称道的建筑。因为它记录了一个小人物，在列强林立的时代，建立起一个民族航运公司，从此长江航道上有了中国人自己的巨轮。

公司大楼是一幢融合了古典主义和现代主义风格的四层砖混大楼，楼顶加建前的建筑保留了古典三段式构图，但其装饰风格简洁精练，呈现出现代主义风格。建筑位于沿江大道和洞庭小路交汇处，平面呈矩形，转角处主楼体为半圆柱体，一层设主入口。转角处二、三层为弧形阳台，每层开有四个长方形落地窗，为深褐色木质窗扇。檐线以上建圆形平顶塔楼，锯齿状女儿墙，形似中世纪堡垒。

两侧沿街立面，均强调竖向划分，竖向线条作为立面唯一的装

（a）

（b）

图11-1　三北轮船公司旧址透视实景图

饰。墙面没有复杂的雕花，方门方窗。沿江大道一侧立面二、三层设有矩形阳台，式样简单。

三北轮船公司照片详见图11-1至图11-7所示。

图11-2　三北轮船公司旧址正立面实景图

图11-3　三北轮船公司旧址侧立面实景图

图11-4　三北轮船公司旧址转角立面实景图

图11-5 阳台

图11-6 次入口

图11-7 窗户

第三节　技术图则

依据建筑实测图纸，部分辅以三维建模，用技术图则方式解析三北轮船公司建筑的环境布局、平面布置、功能流线、围护结构、采光及通风等规划建筑诸元素。三北轮船公司技术图则详见图11-8至图11-19所示。

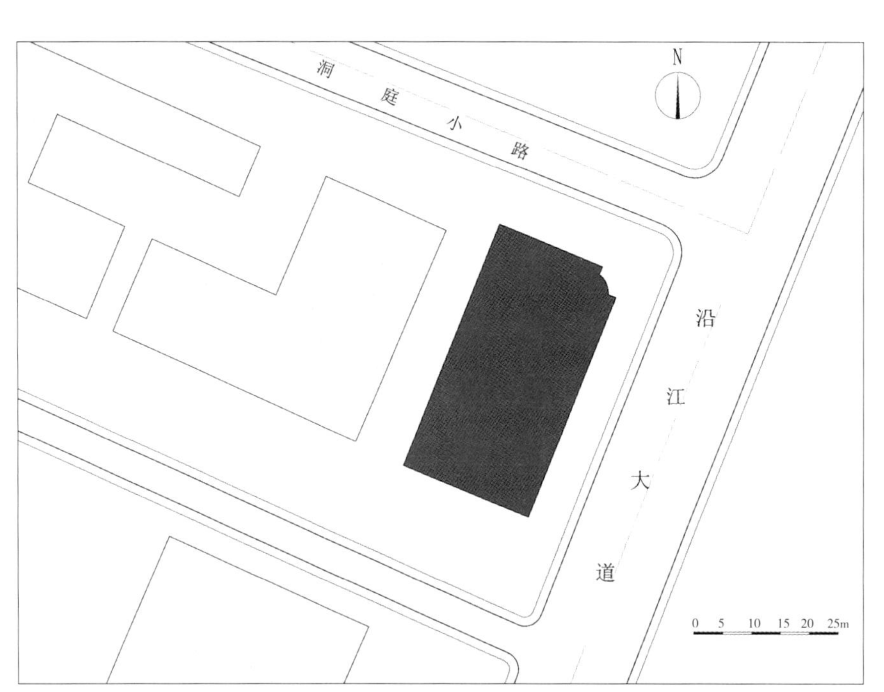

图11-8　街道关系

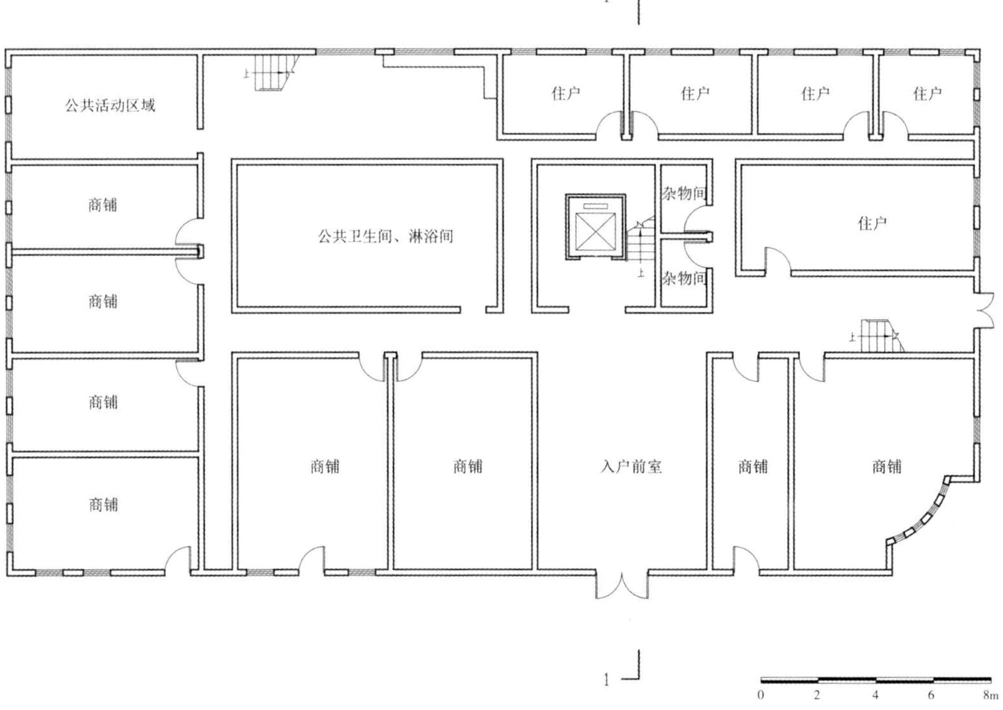

图11-9　一层平面图

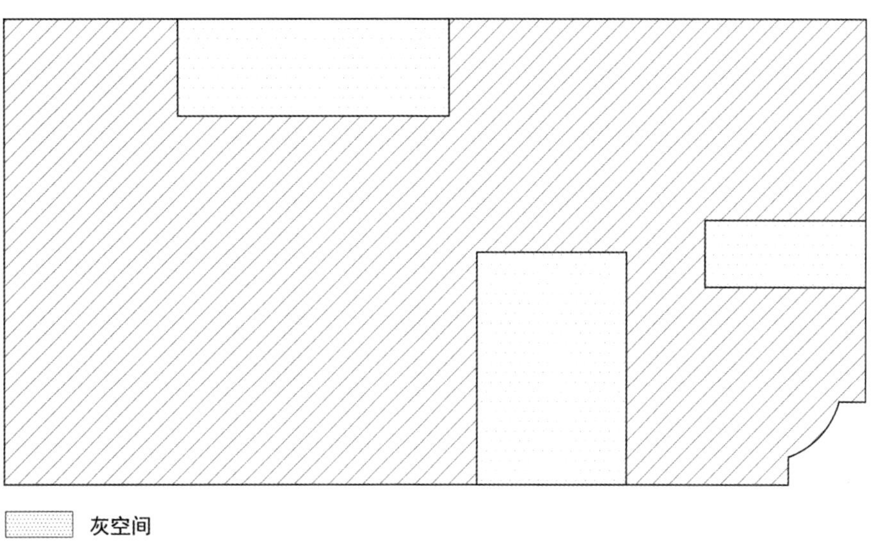

图11-10　平面灰空间

图11-11　正立面图

图11-12　侧立面图

图11-13　体量关系

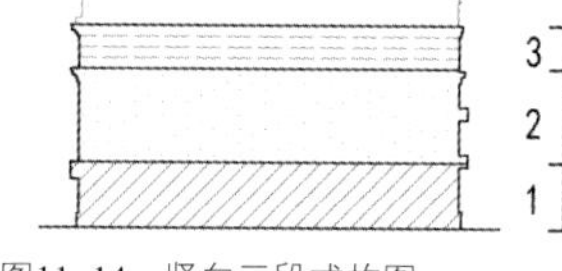

图11-14　竖向三段式构图

图11-15　重复与变化

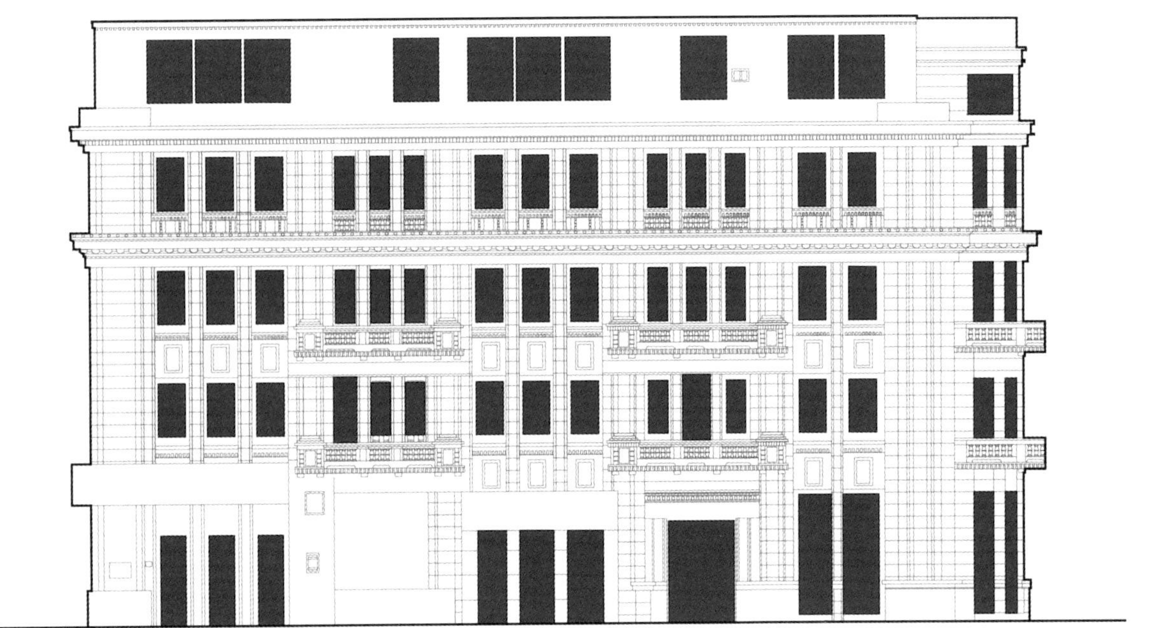

图11-16　立面凹凸

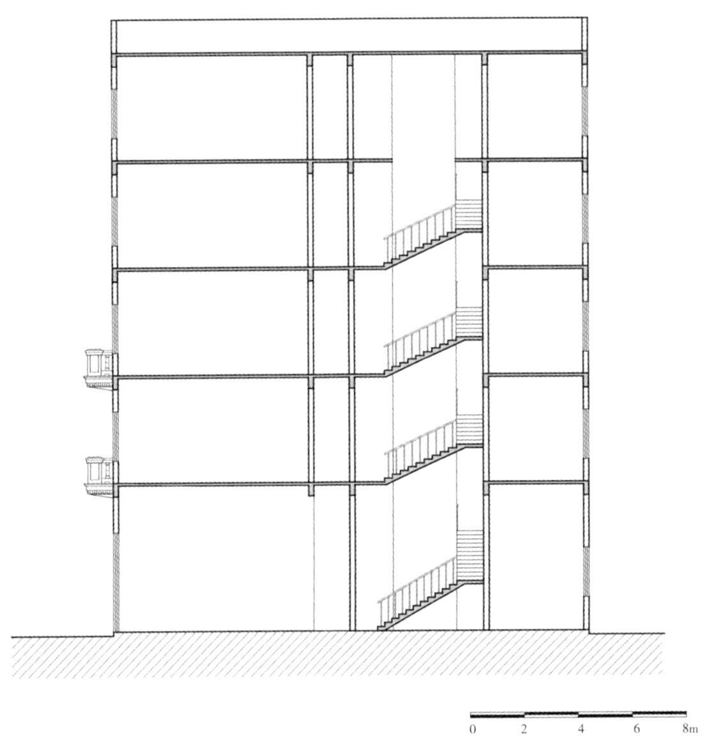

图11-17　1-1剖面图

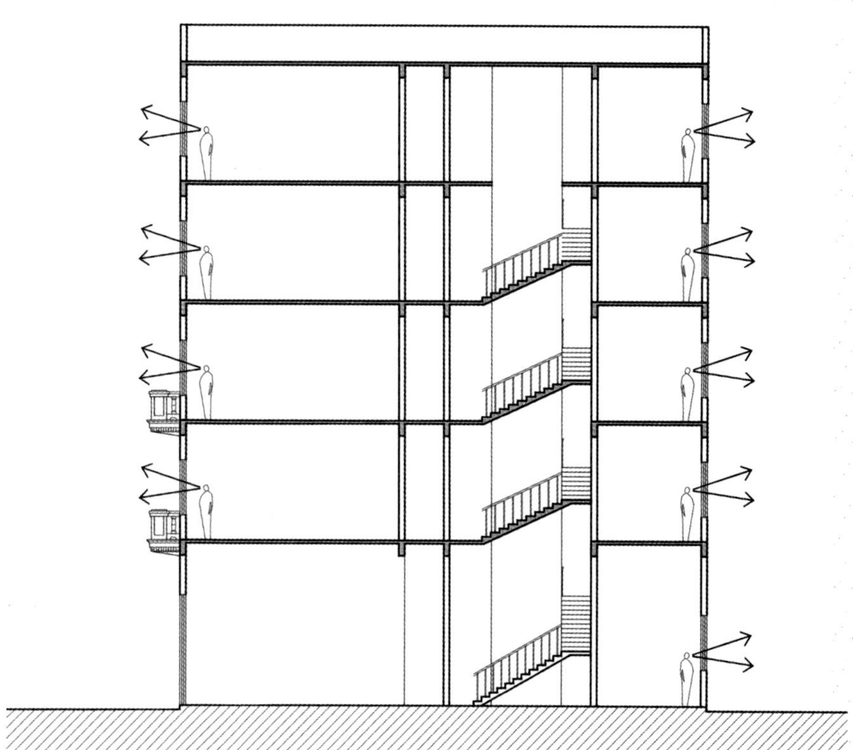

图11-18　视线分析

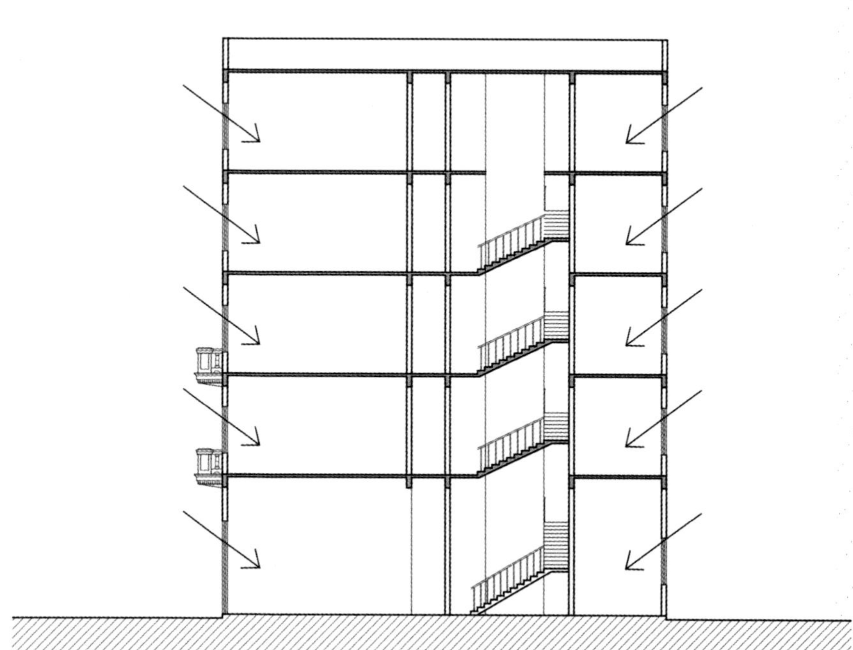

图11-19　采光分析

12
第十二章

第十二章 亚细亚火油公司汉口分公司旧址

亚细亚火油公司1910年在汉口设立分公司，主要经营我国华中地区汽油、煤油、机油业务，1924年在今天津路1号（原汉口英租界宝顺街江滩）新建办公大楼。大楼由景明洋行设计，魏清记营造厂承包兴建，包价银40万两，原设计八层，实建五层，钢筋混凝土结构。建筑历经九十多年风风雨雨，依然屹立在长江之滨，现为汉口临江饭店。

第一节 历史沿革

亚细亚火油公司汉口分公司旧址历史沿革

时 间	事 件
1910年	亚细亚火油公司在汉口设立分公司。
1913—1924年	公司在英租界三码头江边开业，后迁往宁绍码头，不久又迁往今胜利街平汉铁路南局二楼。
1924年	亚细亚火油公司汉口分公司大楼兴建完工。 图12-1 亚细亚火油公司汉口分公司老照片（图片来源于网络）
1941年	珍珠港事件后，公司所属油栈被日本人接管。
1949年	武汉解放后，亚细亚火油公司汉口分公司留在武汉继续经营。
1952年	公司撤出汉口离开中国，大楼被部队接管，成为空军的驻地，后改为部队招待所。
1965年	公司旧址改为临江饭店。
2003年	武汉市在兴建江滩工程中改建沿江建筑时对公司旧址修旧如旧，重新展现了它原有的风貌。
2014年	亚细亚火油公司汉口分公司被公布为湖北省文物保护单位。

第二节　建筑概览

亚细亚火油公司汉口分公司平面铺洒自由，紧密结合地形，功能合理，简洁实用，是汉口早期现代建筑中的代表作。整体构图仍沿用了三段式手法，檐口装饰及阳台细部处理，仍留有传统痕迹，并使用西式隅石与中式纹样作为装饰。外墙仿麻石墙面，墙角有隅石护角。内部装修、设备、用具皆按当时“最摩登”的式样标准建造，富丽堂皇。

一层主要作为主入口大厅和车库，功能安排比较简单，主要的大跨度空间均使用巨大的梁柱支撑，并且依据地势，一层平面同时使用了不同的高差制造不同的空间分隔的显著效果。二层以上都是以客房为主的功能安排，全部为钢混结构，轴网布置复杂扭曲，两个转角处不同角度的倒角更是增加了结构布置的复杂性。两个不规则的弧墙也是使用了复杂的梁柱结构支撑。四个立面中有两个立面已经被加建的建筑遮挡，但是仅仅从另外的两个建筑立面上也仍然能够看出简洁、大方的建筑风格。

亚细亚火油公司汉口分公司旧址照片详见图12-2至图12-7所示。

图12-2　亚细亚火油公司汉口分公司透视实景图

图12-3　亚细亚火油公司汉口分公司东北立面实景图

图12-4　亚细亚火油公司汉口分公司东南立面实景图

图12-5　入口大门

图12-6　阳台

（a）

（b）

图12-7　建筑细部

第三节　技术图则

依据建筑实测图纸，部分辅以三维建模，用技术图则方式解析亚细亚火油公司汉口分公司建筑的环境布局、平面布置、功能流线、围护结构、采光及通风等规划建筑诸元素。亚细亚火油公司汉口分公司技术图则详见图12-8至图12-23所示。

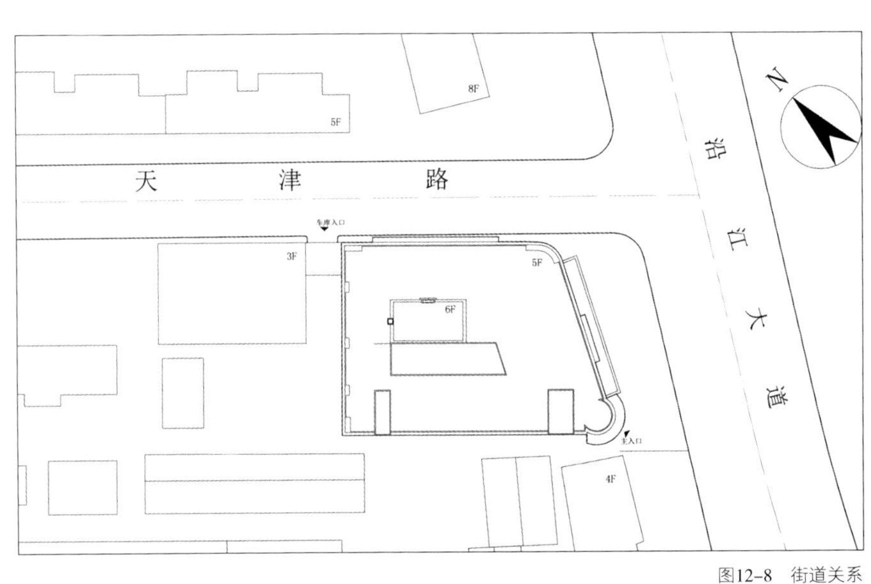

图12-8　街道关系

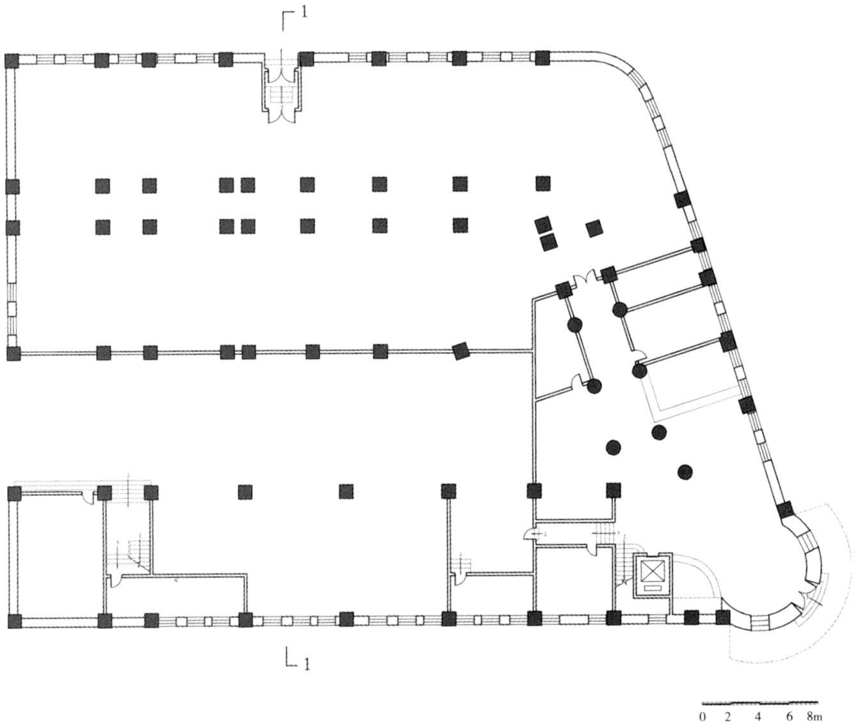

0　2　4　6　8m

图12-9　一层平面图

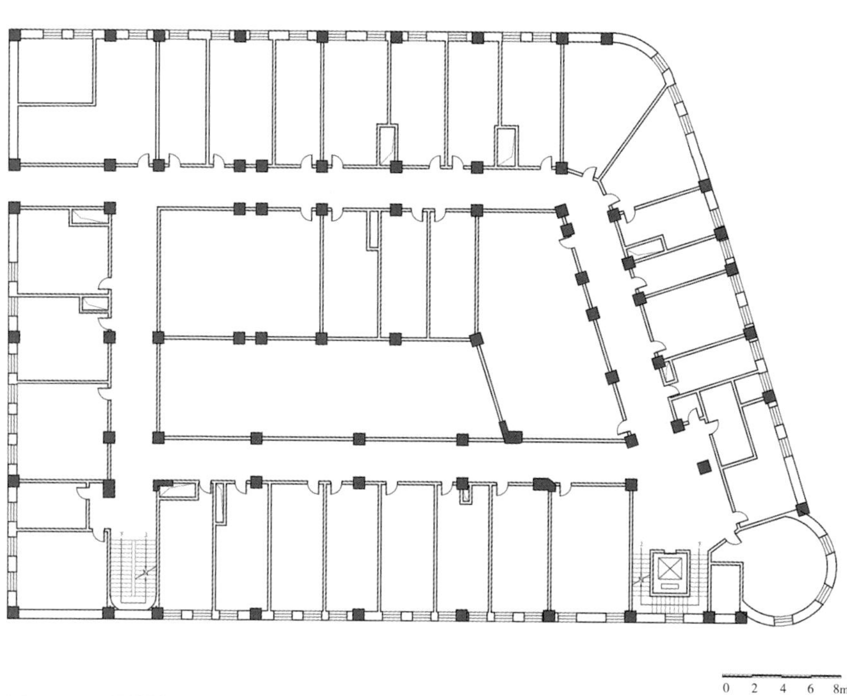

图12-10　二层平面图

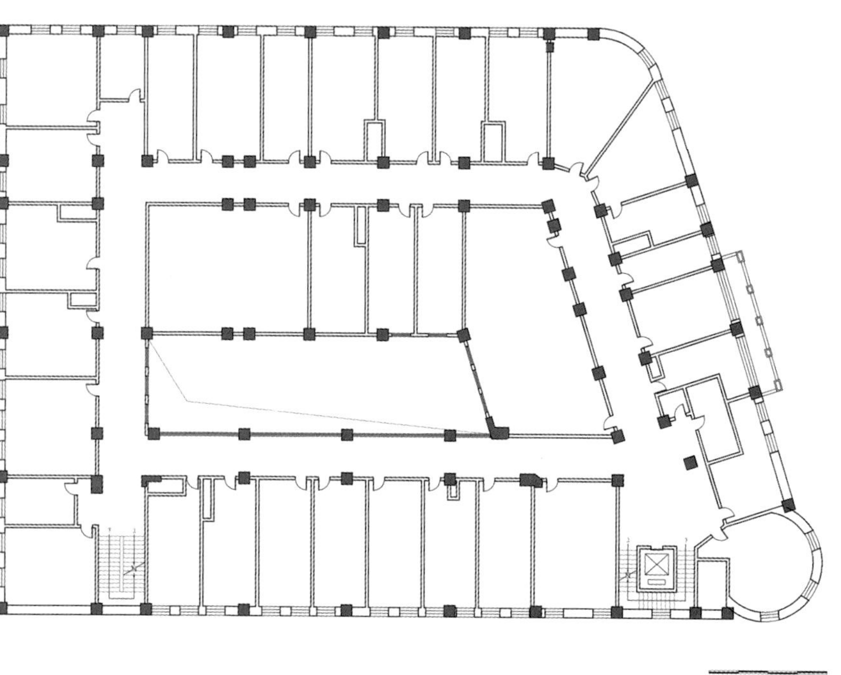

图12-11　三层平面图

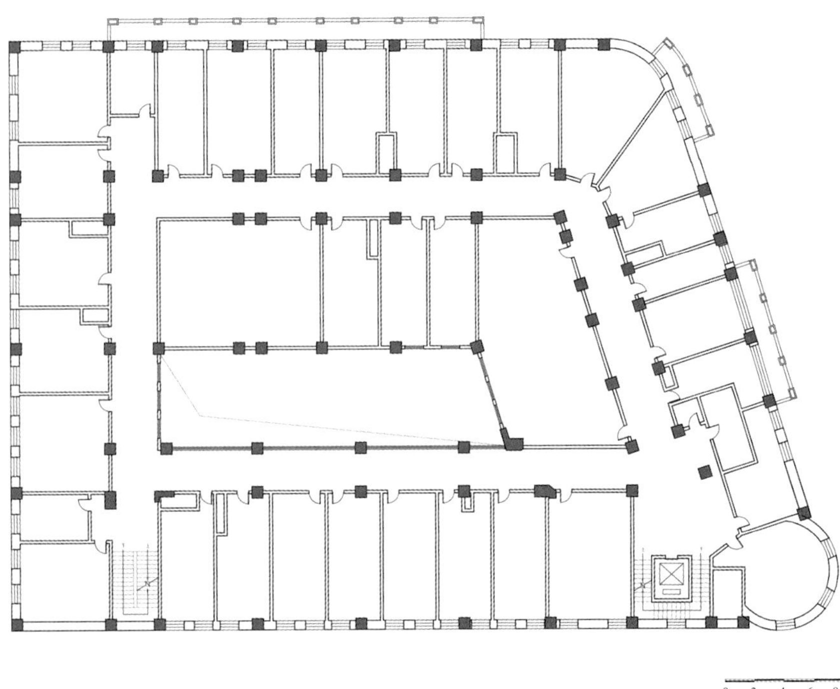

图12-12　四层平面图

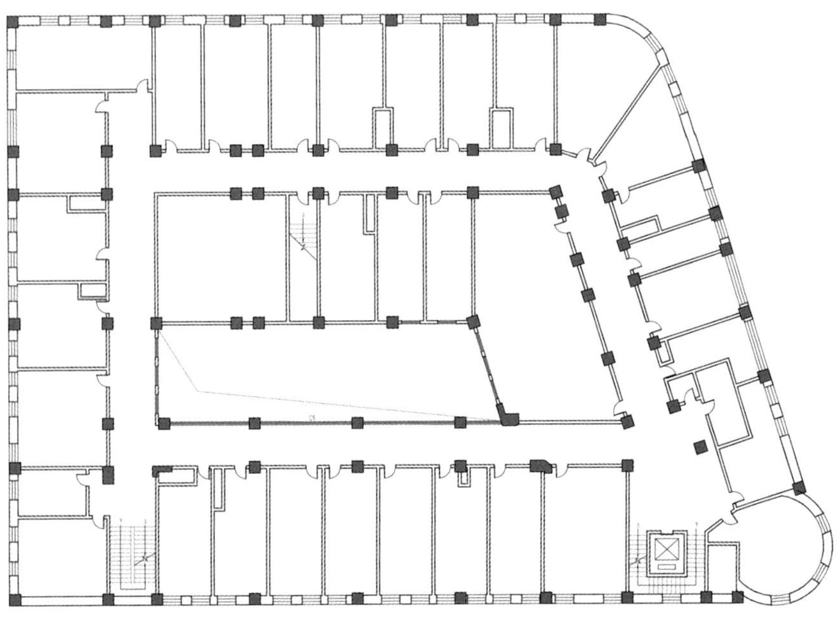

图12-13　五层平面图

图12-14　东南立面图

图12-15　东北立面图

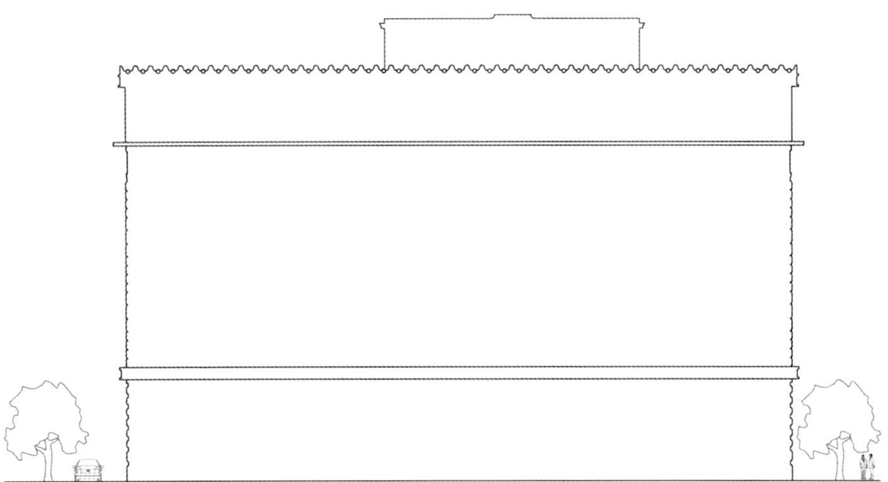

图12-16　体量关系

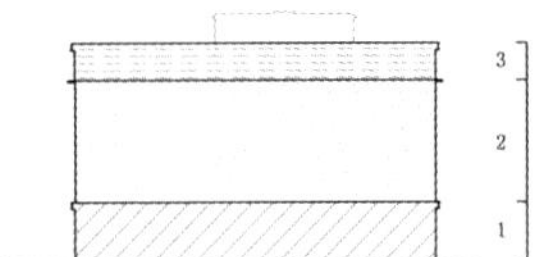

图12-17　三段式构图

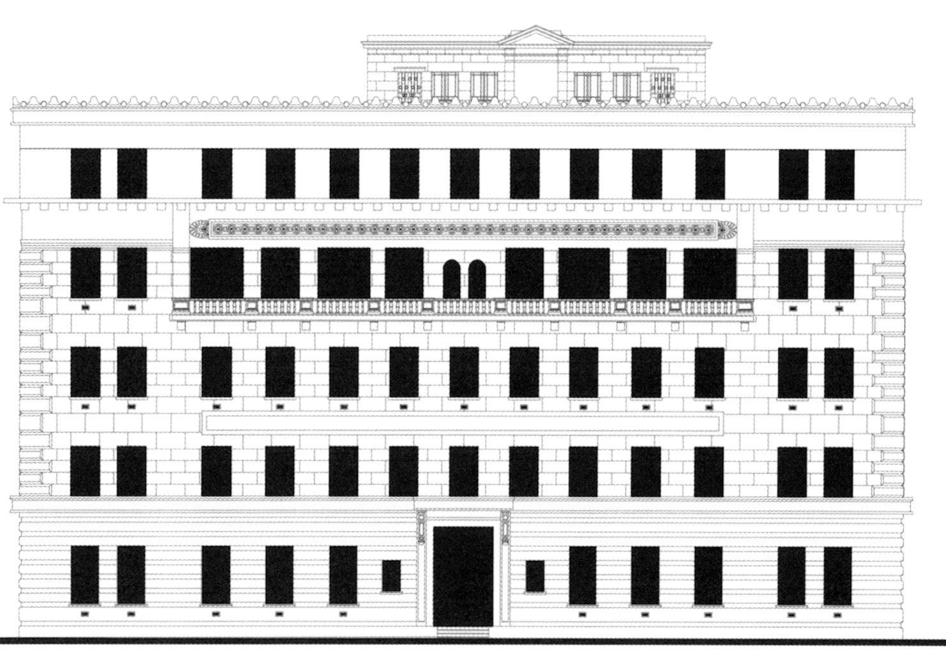

图12-18 立面凸凹

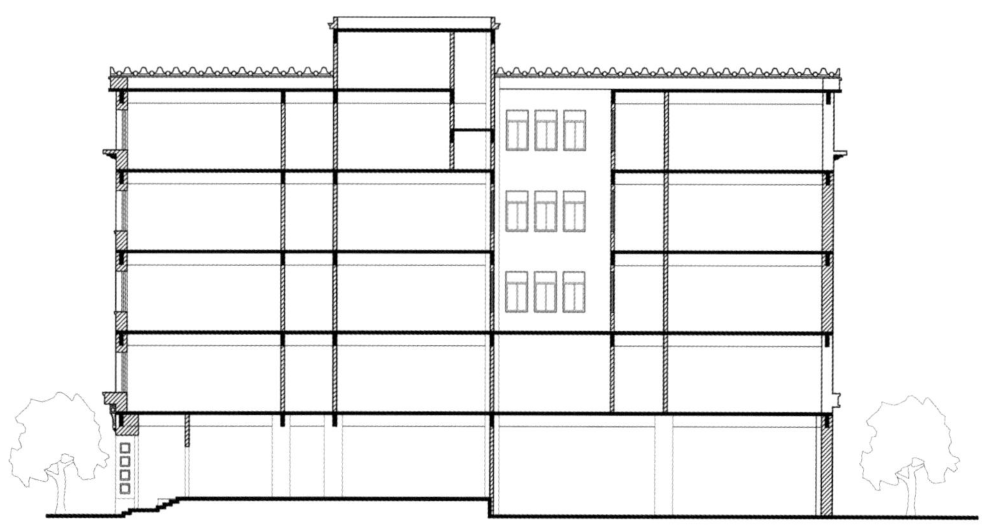

图12-19 1-1剖面图

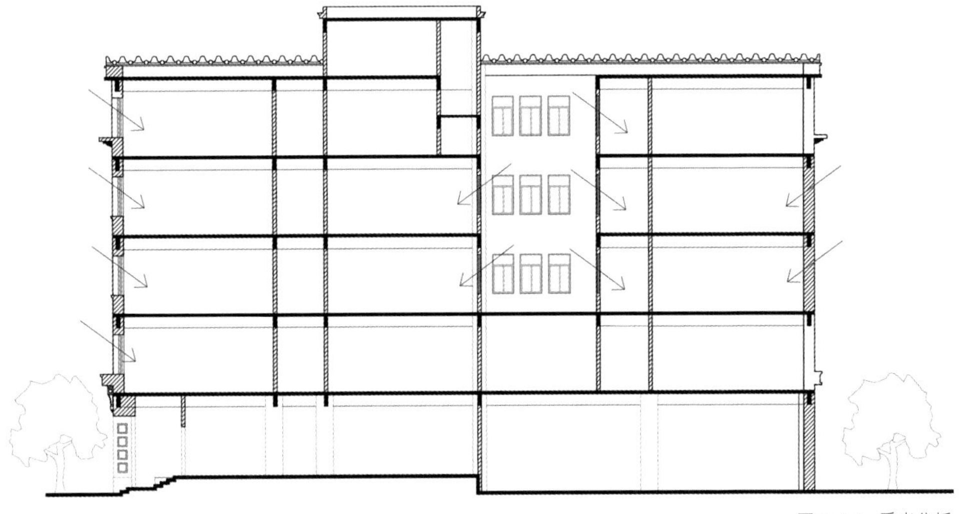

图12-20　采光分析

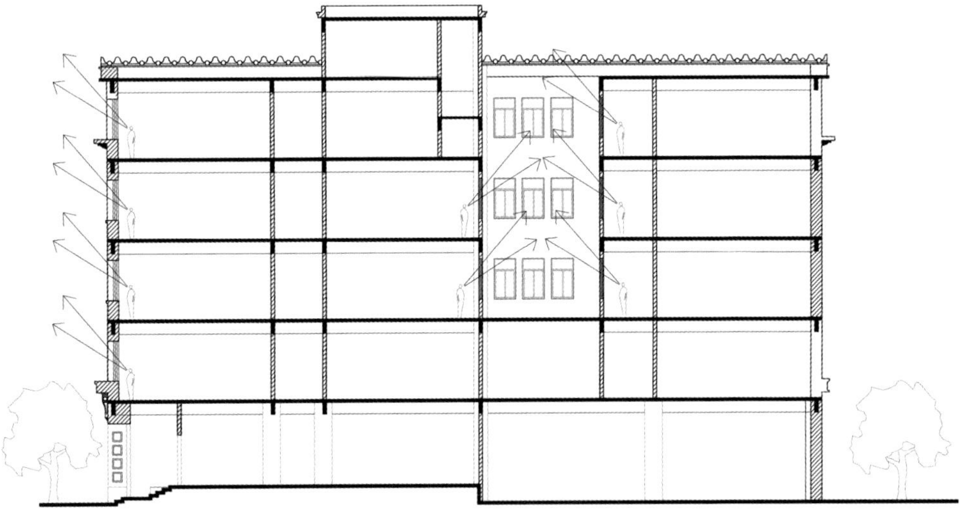

图12-21　视线分析

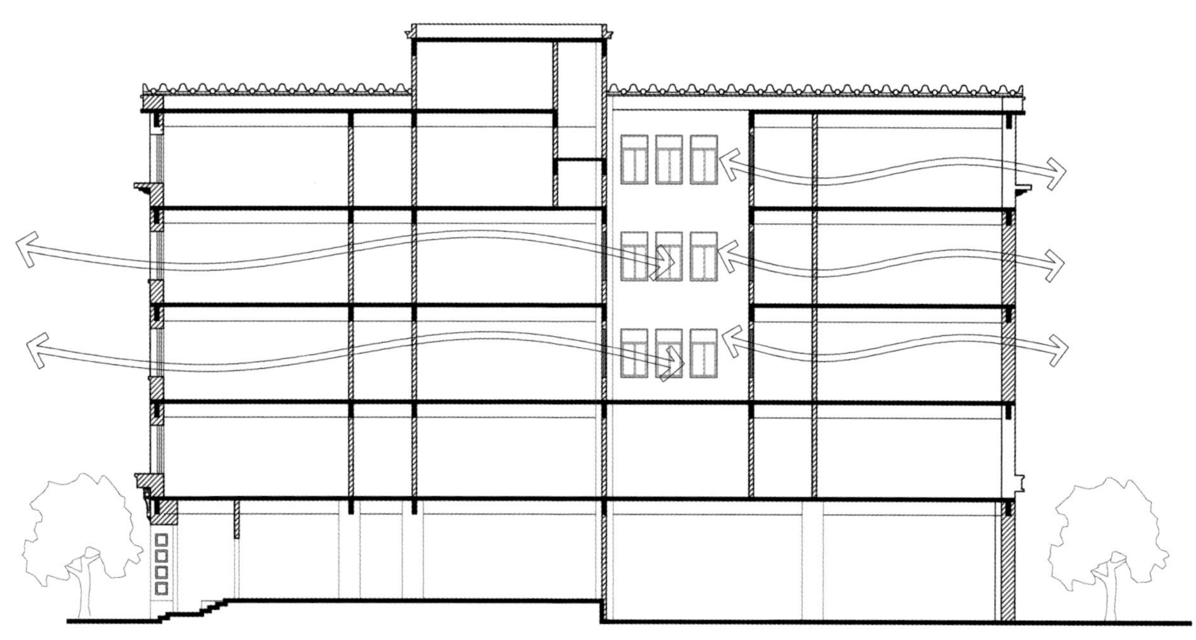

图12-22　通风分析

注：每小格代表100mm

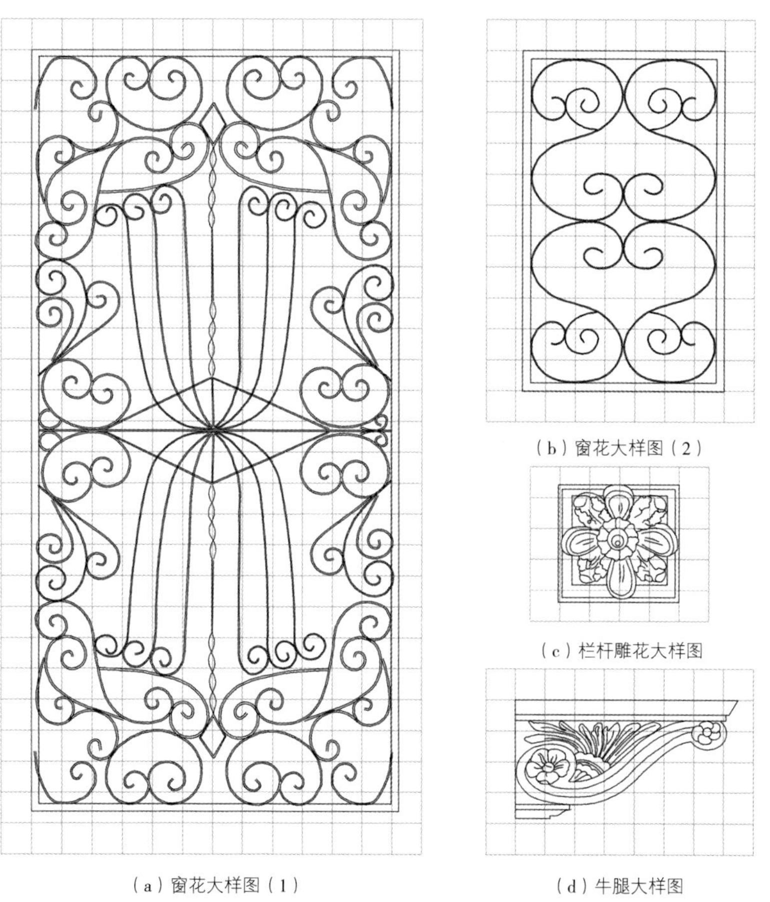

（b）窗花大样图（2）

（c）栏杆雕花大样图

（a）窗花大样图（1）

（d）牛腿大样图

图12-23　大样图

13

第十三章

第十三章 汉口俄商新泰大楼

1874年俄国人创办新泰砖茶厂，从事砖茶贸易活动。1921年新泰砖茶厂关闭，英国茶商接手后，于1924年重建了现在的新泰大楼。人们习惯称此楼为俄商新泰大楼，其实它并非俄商所建。汉口俄商新泰大楼位于沿江大道158号，建筑为五层钢筋混凝土结构，由景明洋行设计，永茂昌营造厂施工。现一层为酒吧，二层以上为湖北储备物资管理局办公。

第一节 历史沿革

汉口俄商新泰大楼历史沿革

时 间	事 件
1874年	由俄国人创办新泰砖茶厂，从事砖茶贸易活动。
1921年	新泰砖茶厂关闭，英国茶商接手，重建现在的新泰大楼。
1924年	新泰大楼兴建完工。 图13-1 新泰大楼老照片（图片来源于网络）
20世纪30年代	新泰茶叶公司把房屋出售给华人程子菊，程子菊租赁给德国人艾生柏和许士，在楼内开堆栈公司（仓储公司）。
1945年	整栋楼租赁给平汉铁路局。
1949年	楼房被郑州铁道局接收，继续租给平汉铁路局。铁路局将其中一二层房屋转让给武汉空军司令部，三楼以上房屋转让给船舶修械所作为工人集体宿舍。
20世纪末	大楼成为湖北储备物资管理局办公场所。
2008年	汉口俄商新泰大楼被公布为省文物保护单位。

（a）

第二节　建筑概览

新泰大楼平面呈不规则形状，转角处作弧形处理，底层设主入口，里面是楼梯间，二、三层为两层高的爱奥尼柱式。临街两侧立面采用方壁柱，柱头处有徽饰、鼓座。侧立面外墙以厚实的方格形成墙体和窗户，尤显古典主义与现代主义结合的趣味。以古典主义风格见长的英商景明洋行在设计此楼时，比以往的作品有很大改善，虽然仍采取三段式构图，中部柱式、上建塔楼等古典主义手法，但比之过去，却省却了繁杂的雕刻和装饰。大楼底层所在的第一段和四、五层所在的第三段，外墙上都采用凸浮块面装饰，而第二段则有四根高达两个楼层的爱奥尼立柱。除此以外，楼体再无繁复的雕花，只使用了长窗和墙面来进行虚实对比和明暗相映，白墙和空窗组成的竖格由下而上排列，由此达到唯美的艺术效果。删繁就简后，整幢楼显得简洁清爽又不失庄重，流露着现代建筑精神。

汉口俄商新泰大楼照片详见图13-2至图13-9所示。

（b）

图13-2　汉口俄商新泰大楼透视实景图

图13-3　汉口俄商新泰大楼正立面实景图

图13-4　汉口俄商新泰大楼侧立面实景图

图13-5　次入口

图13-6　主入口

图13-7　塔楼

图13-8　立柱

（a）

（b）

（c）

图13-9　窗户

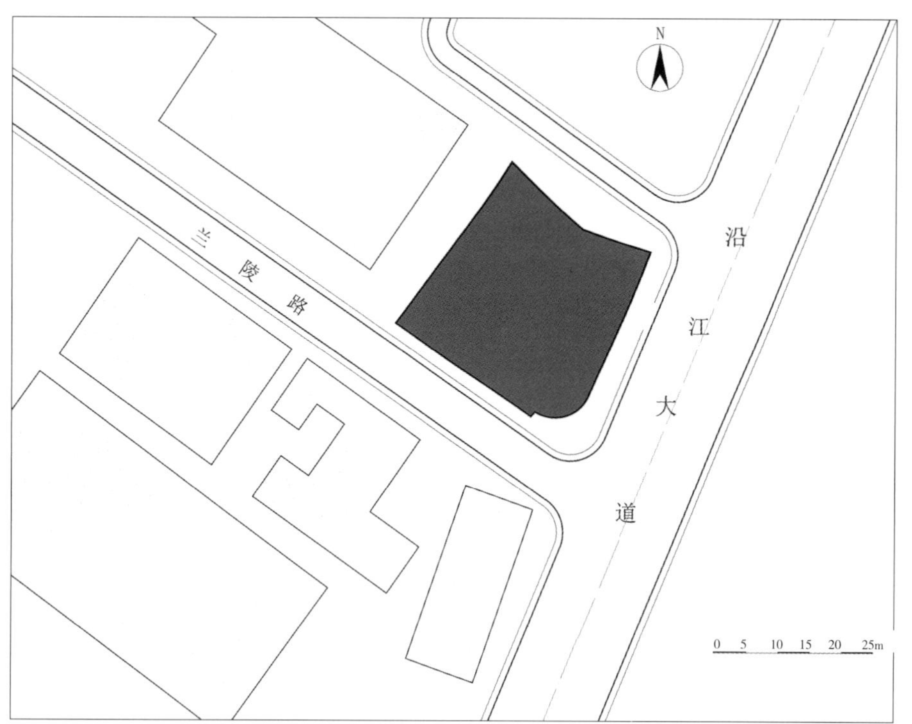

图13-10　街道关系

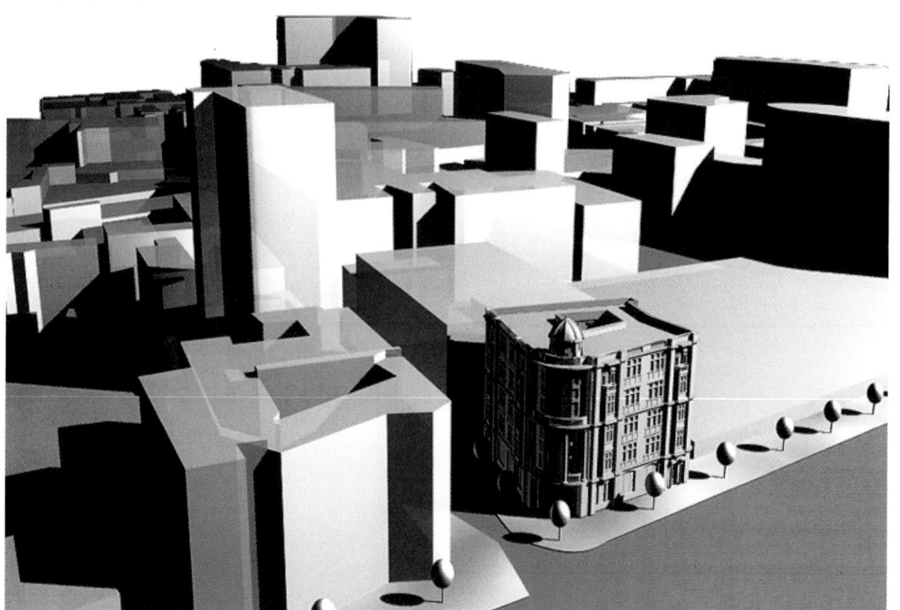

图13-11　区位示意图

第三节　技术图则

依据建筑实测图纸，部分辅以三维建模，用技术图则方式解析汉口俄商新泰大楼建筑的环境布局、平面布置、功能流线、围护结构、采光及通风等规划建筑诸元素。汉口俄商新泰大楼技术图则详见图13-10至图13-30所示。

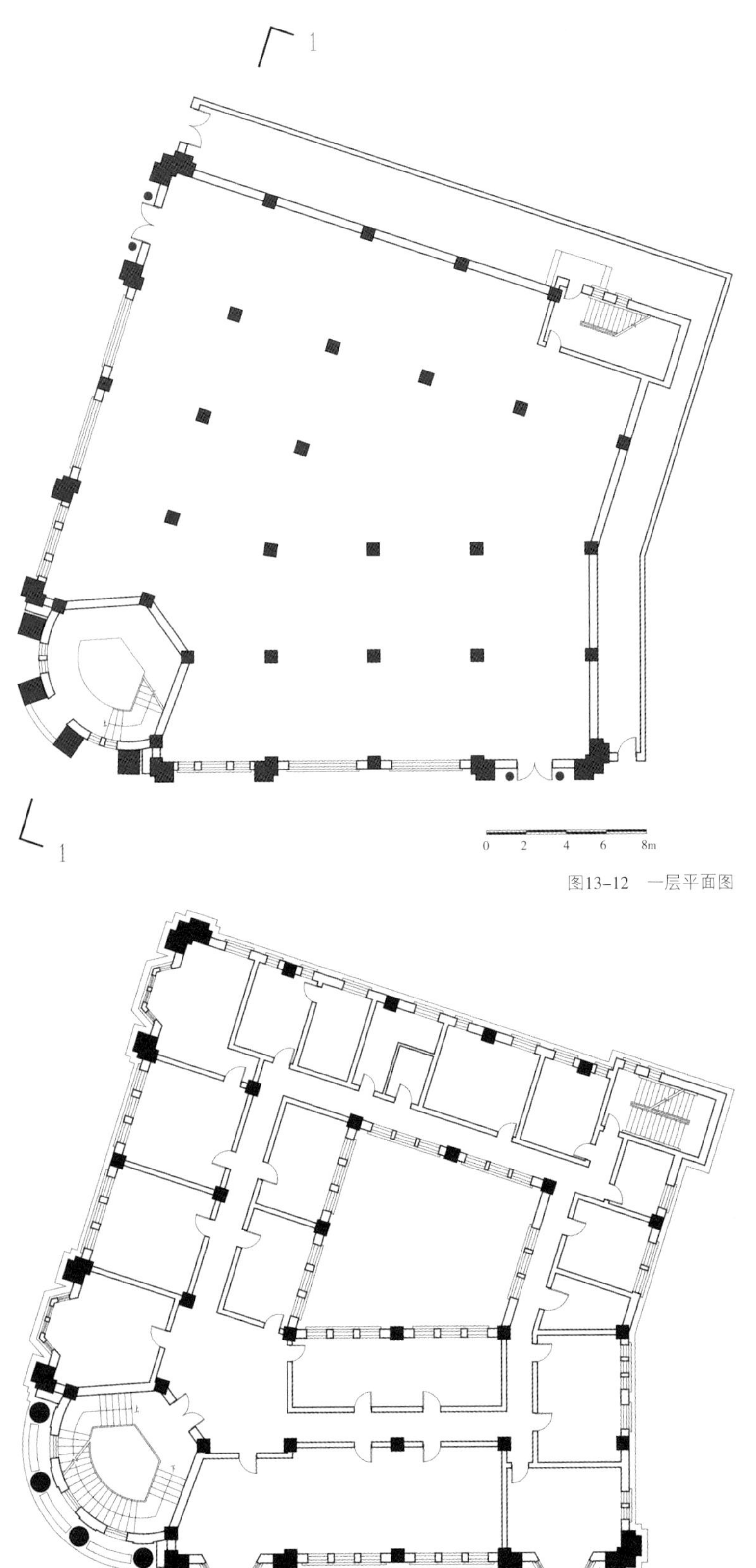

图13-12　一层平面图

图13-13　二层平面图

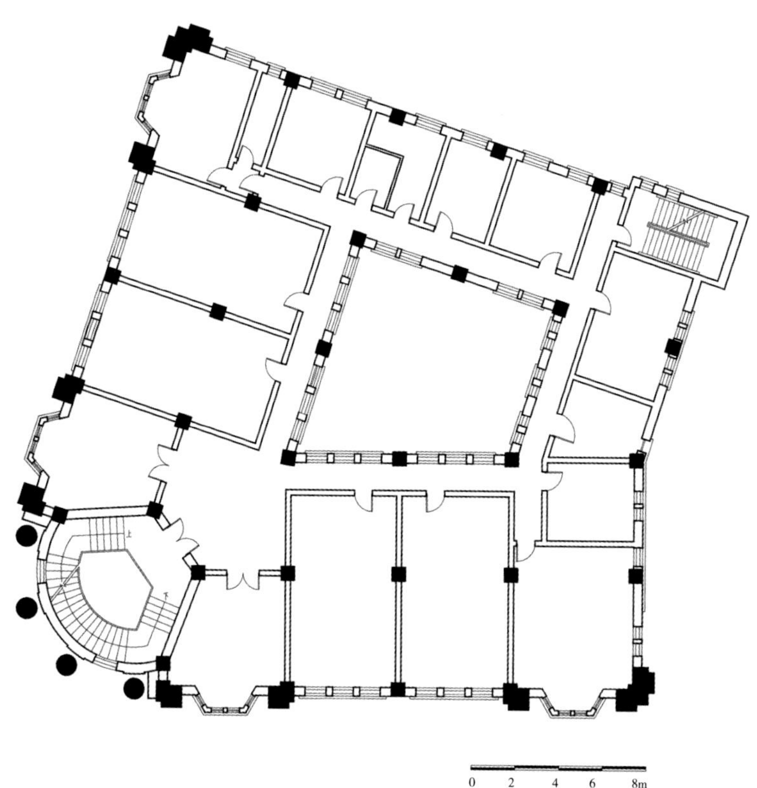

图13-14 三层平面图

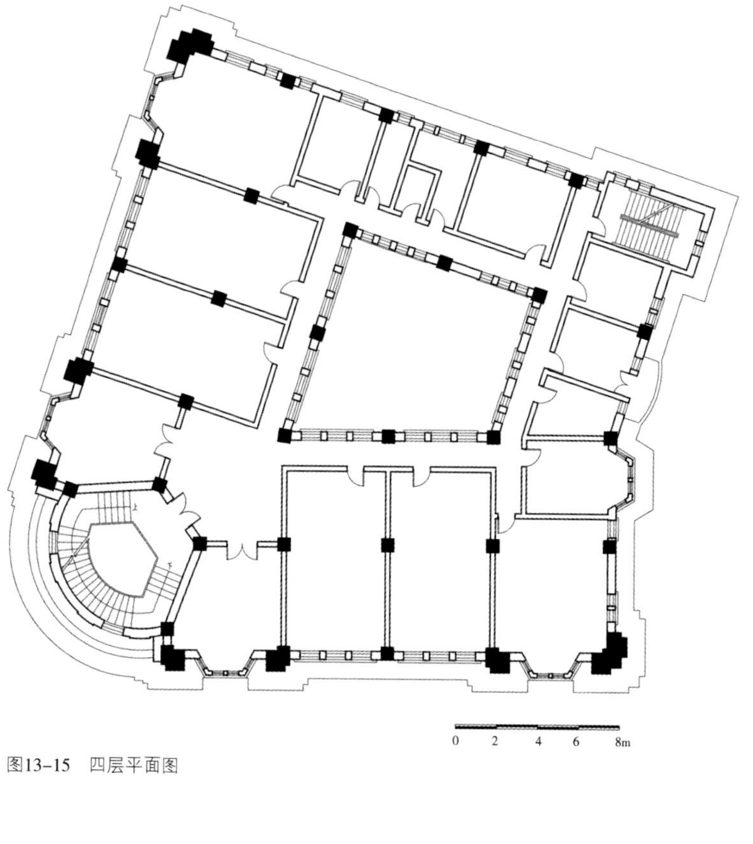

0 2 4 6 8m

图13-15 四层平面图

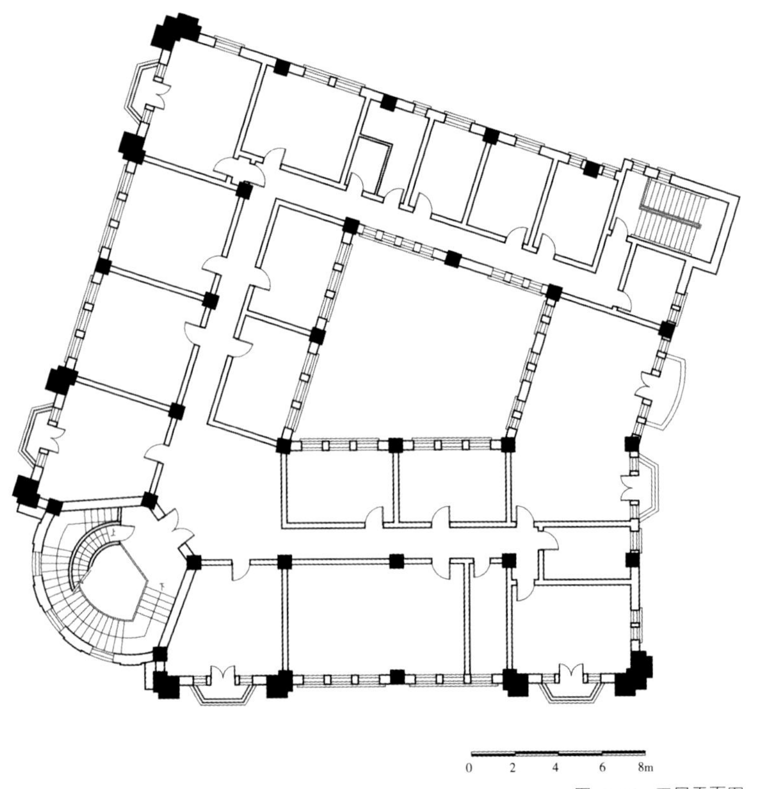

图13-16　五层平面图

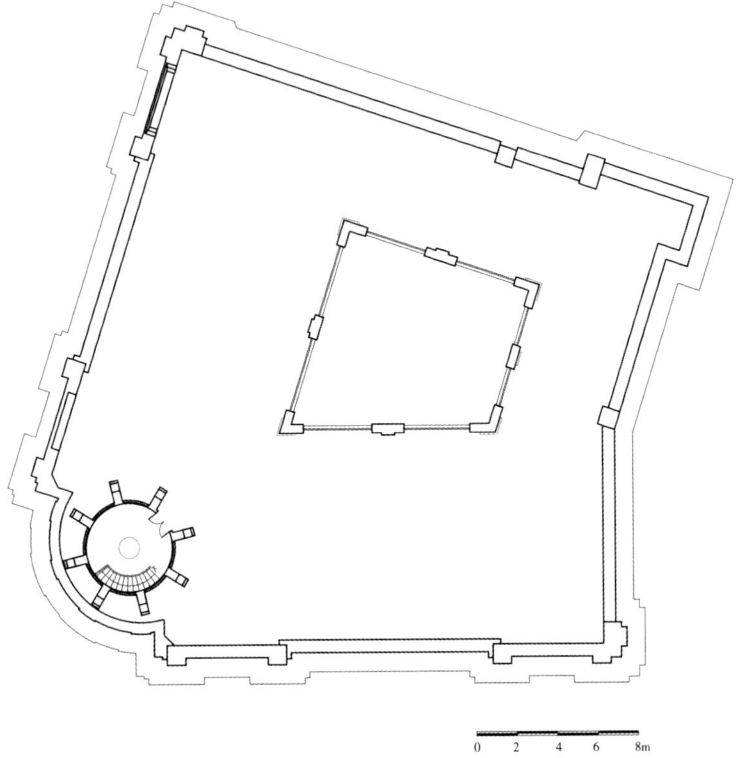

图13-17　屋顶层平面图

◆ 图13-18：柱子为主要的承重构件，外墙为主要的围护构件。

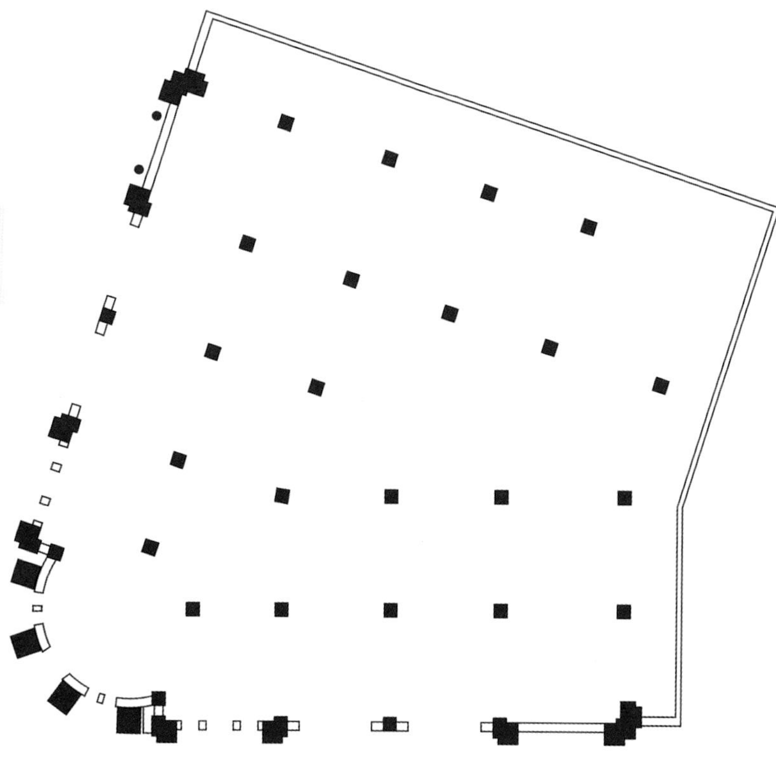

图13-18 结构分析

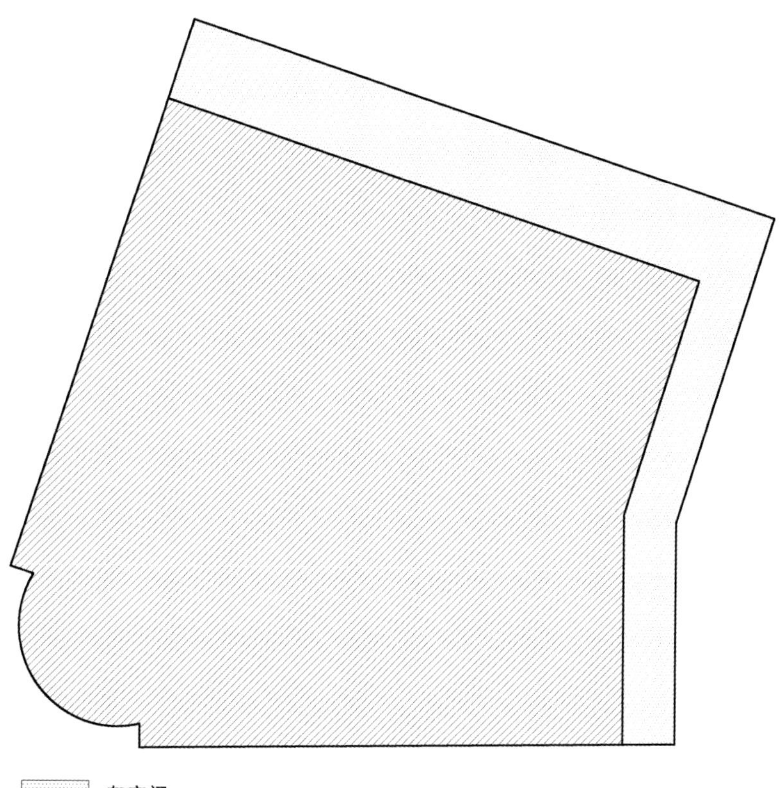

图13-19 平面灰空间

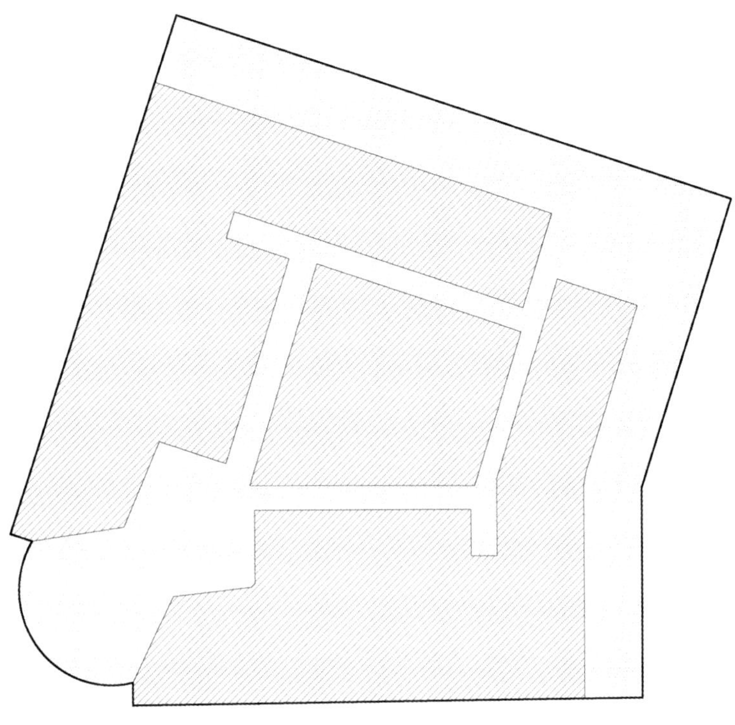

图13–20　公共与私密

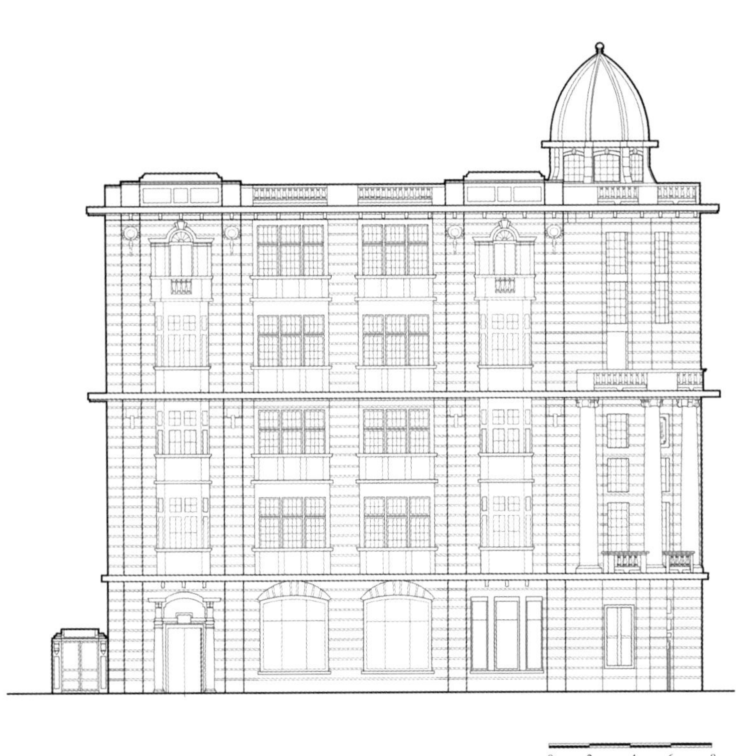

图13–21　西南立面图（沿兰陵路）

◆　图13–21：转角处顶层的穹顶是立面构图的中心，是视觉的焦点。

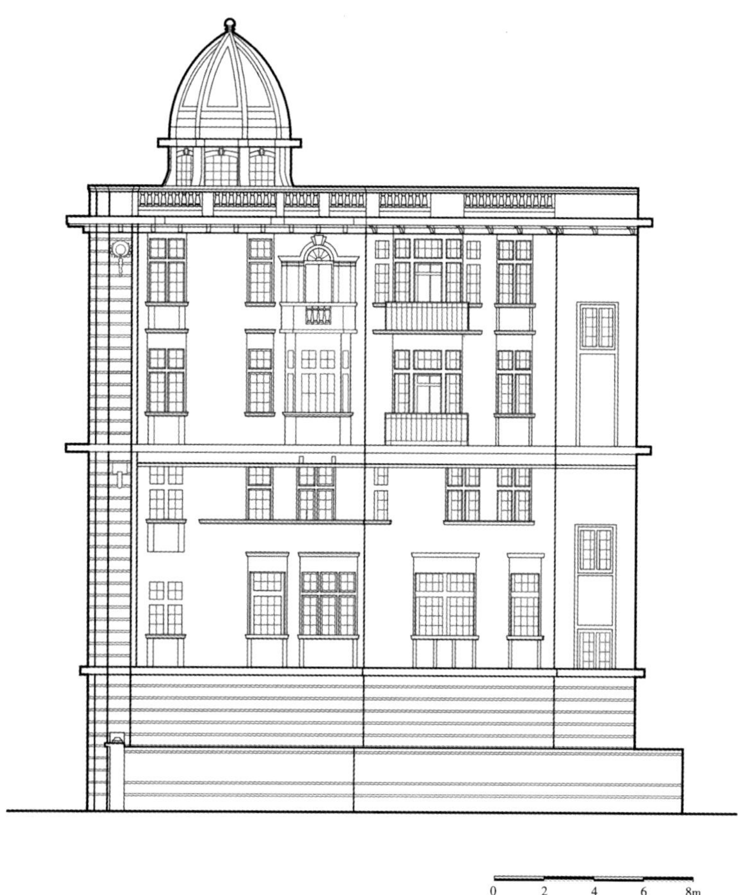

图13-22　西北立面图

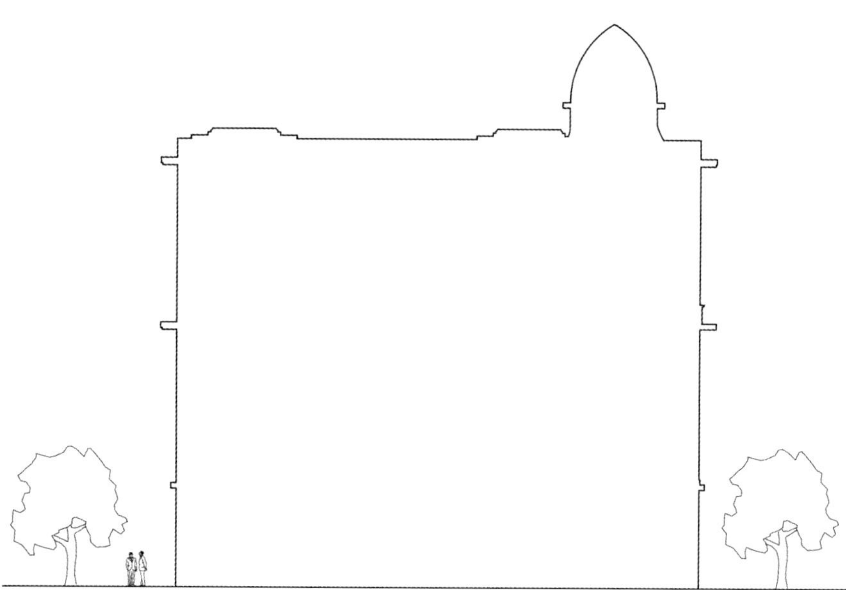

图13-23　体量关系

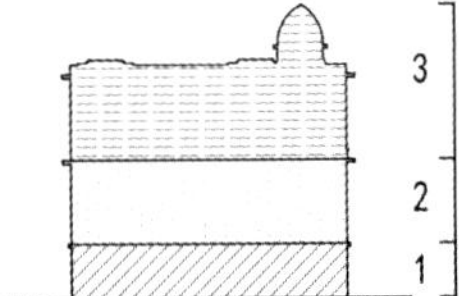

图13-24　竖向三段式构图

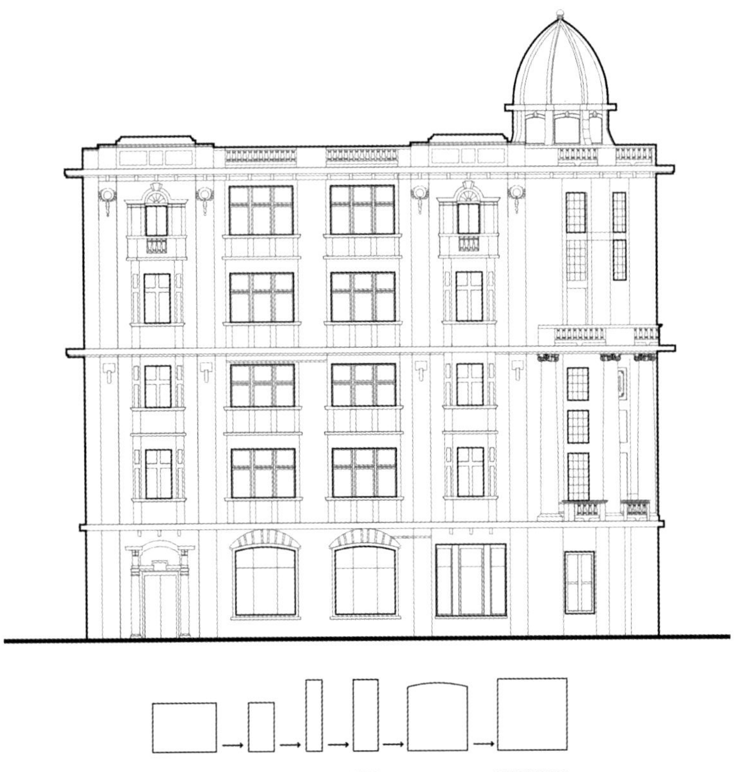

图13-25　重复与变化

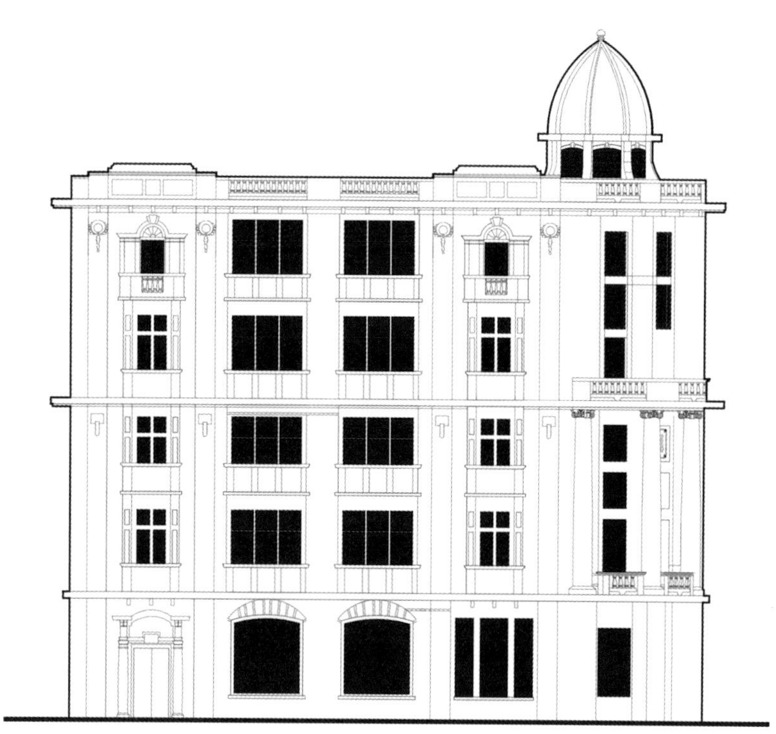

图13-26　立面凹凸

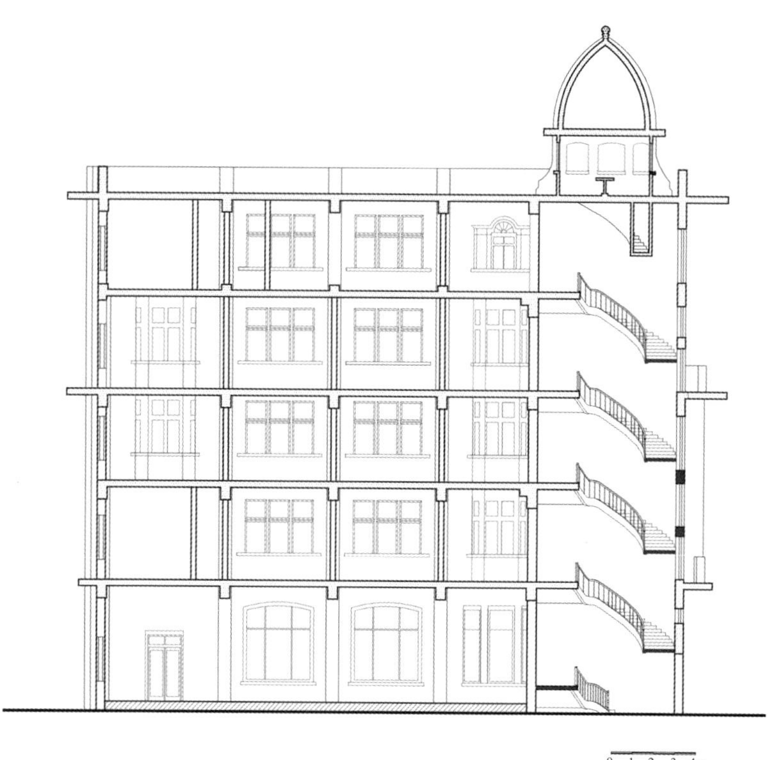

图13-27　1-1剖面图

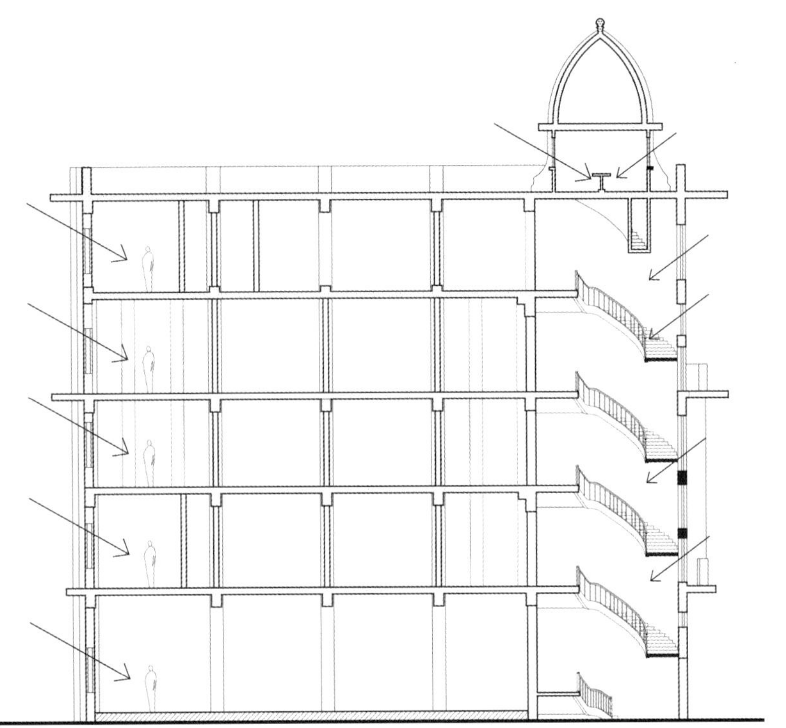

图13-28　采光分析

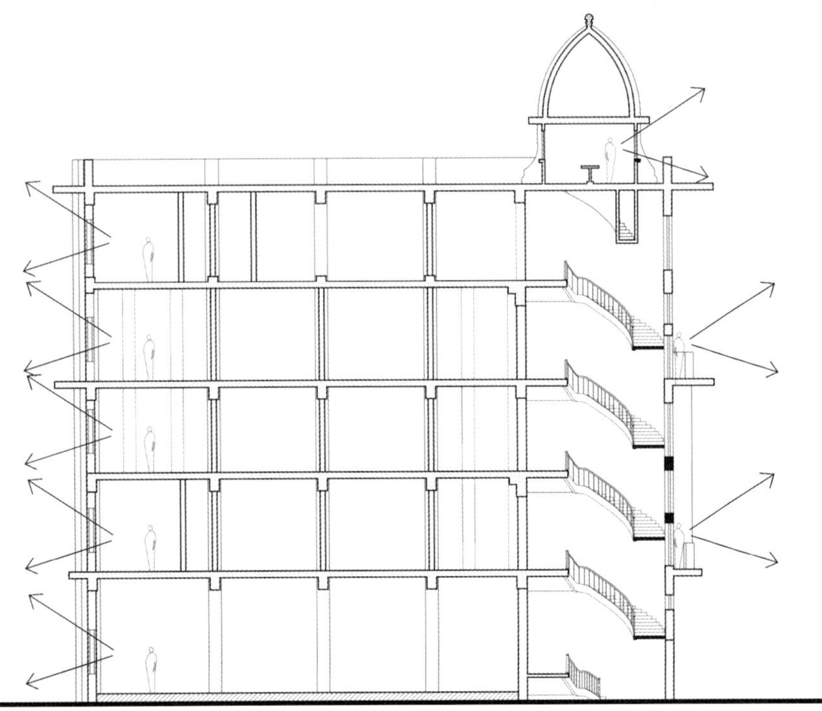

图13-29　视线分析

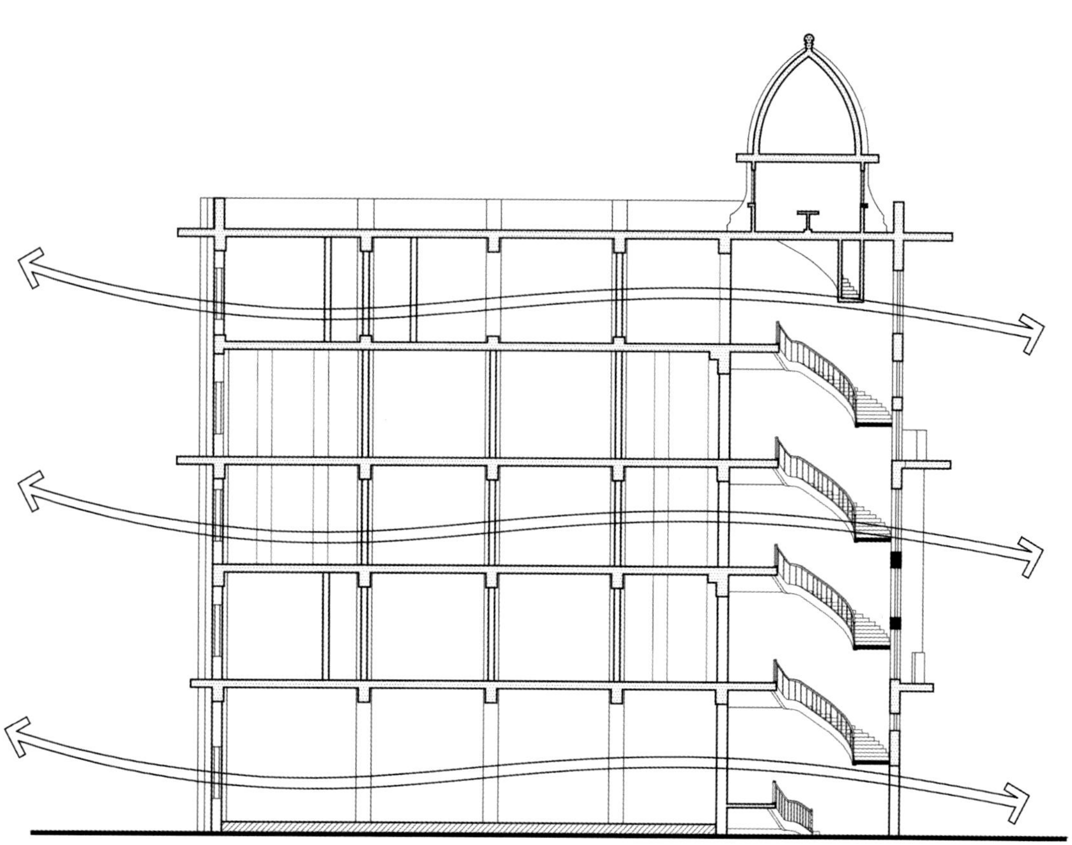

图13-30　通风分析

14
第十四章

第十四章 汉口日清洋行大楼

日清洋行又称日清轮船公司，前身是日本大阪商船公司。汉口日清洋行大楼位于汉口沿江大道87号，即沿江大道与江汉路转角处，该建筑由汉口景明洋行设计，汉协盛营造厂施工，1928年建成，钢筋混凝土结构。地上五层，地下一层，采用三段式构图，外墙麻石至顶，玻璃方窗，屋顶设有露天花园。整座大楼内部装修别致、外观宏伟大气，是江汉路上的著名景观。

第一节 历史沿革

汉口日清洋行大楼历史沿革

时 间	事 件
1907年	日本为同英国的太古、怡和及中国轮船招商局竞争，将日本在长江的大阪商船公司、日本邮船株式会社以及大东、湖南两汽船会社合并为日清轮船公司，目的是为了更便利地控制中国沿海及内河航运。
1918年	日清轮船公司“永陵丸”船自大阪首航汉口成功，由此开辟了穿越海洋直接进入中国长江腹地的航线，也被称为江海联运线。
1928年	日本在汉口建成日清轮船公司办公大楼，即汉口日清洋行大楼。 图14-1 汉口日清洋行大楼老照片（右）（图片来源于网络）
1998年	汉口日清洋行大楼被公布为武汉市文物保护单位。

第二节 建筑概览

汉口日清洋行大楼为三段式构图，底层层高最高，采用横向大麻石砌筑，主入口设在沿江大道立面，拱形大门两侧各开一细长拱窗，两根塔司干石柱支撑门厅。大楼在两街交叉路口处另设次入口，入口上方缩进，开一扇矩形高窗，窗户两侧立有爱奥尼倚柱，顶起一段弧形山花，雕刻精美。这处设计一反常规，制造视觉差，产生了独特的

（a）

效果。建筑三、四层之间设有爱奥尼式双柱，柱底和柱顶部都刻有精致的浮雕装饰。顶层正中建有一座古罗马风格的穹楼，由一圈塔司干双柱支撑，盔型顶上开有巴洛克式的小圆洞，穹楼顶端设有一座精美的小亭。大楼设有屋顶花园，建筑内部装饰豪华别致，现由好百年饭店使用。

汉口日清洋行大楼照片详见图14-2至图14-11所示。

图14-2　汉口日清洋行大楼东南立面实景图

（b）

图14-3　汉口日清洋行大楼透视实景图

（a）

（b）

图14-4　汉口日清洋行大楼西南立面局部实景图

图14-5　柱廊

图14-6　主入口

图14-7　窗户

图14-8　次入口

图14-9　塔亭

图14-10　装饰细部

图14-11　文物保护标志牌

第三节　技术图则

依据建筑实测图纸，部分辅以三维建模，用技术图则方式解析汉口日清洋行大楼建筑的环境布局、围护结构等规划建筑诸元素。汉口日清洋行大楼技术图则详见图14-12至图14-19所示。

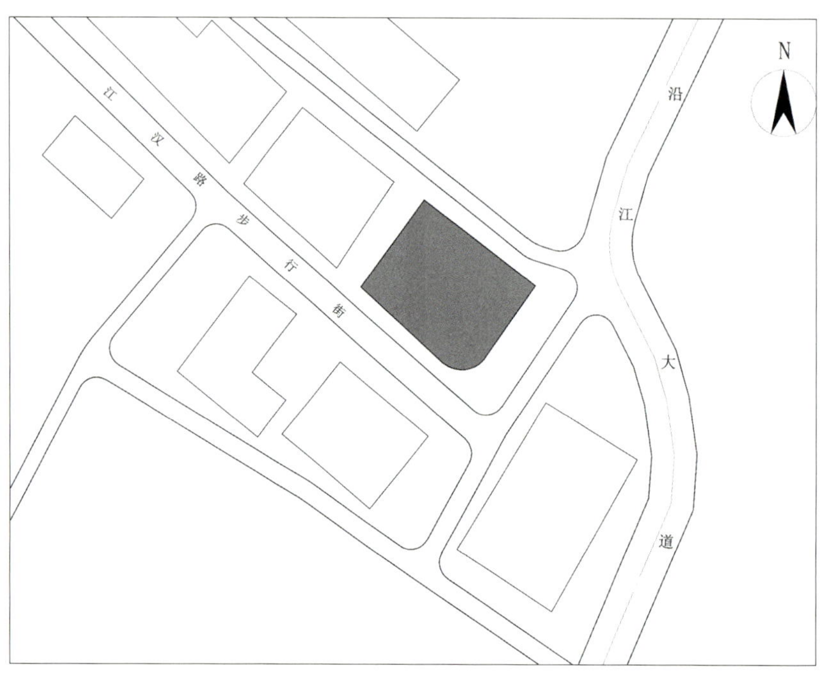

图14-12　街道关系

图14-13　东南立面图

图14-14　西南立面图

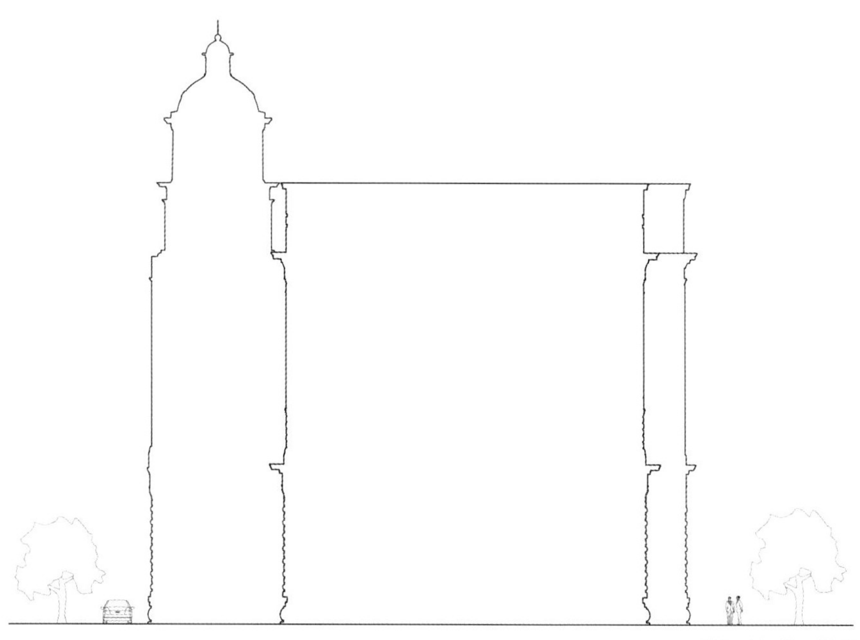

图14-15　体量关系

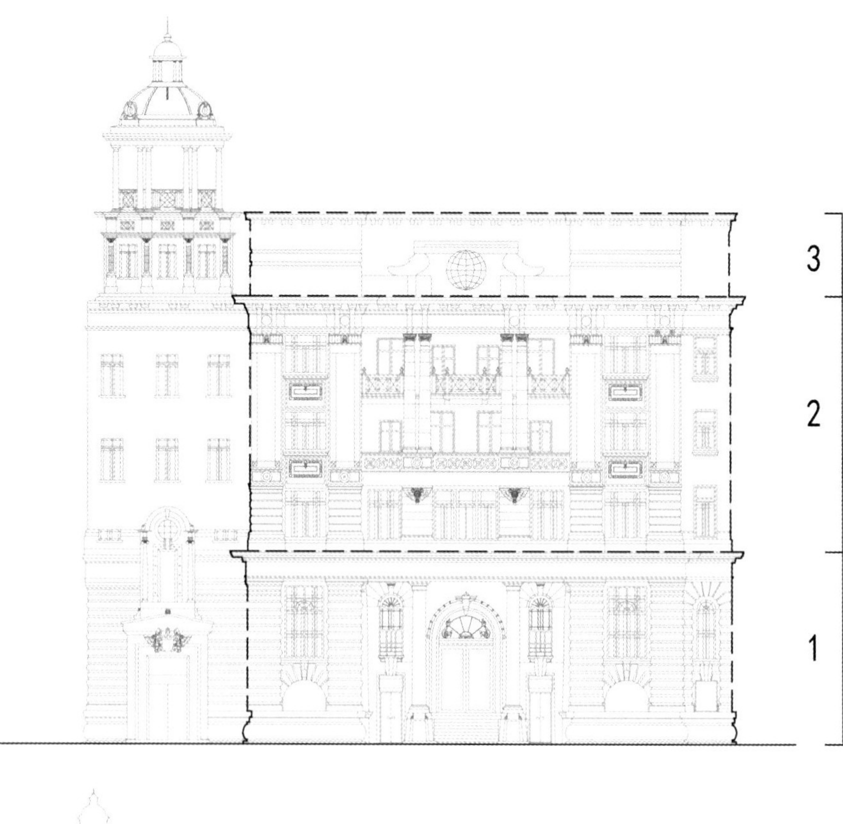

图14-16　竖向三段式构图

图14-17　重复与变化

图14-18　立面凸凹

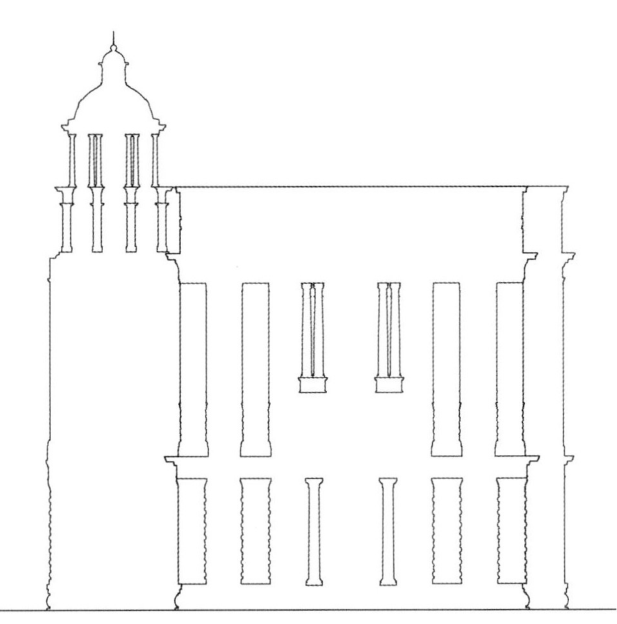
图14-19　韵律

15
第十五章

第十五章 安利英洋行汉口分行

安利英洋行原名为瑞记洋行，清末由一对犹太兄弟来中国开办，总行设在上海，汉口、天津设有分行。安利英洋行汉口分行设立于1929年，主要经营中国农产品、矿产品及五金等物资的出口。安利英洋行汉口分行旧址位于汉口四唯路6号，由景明洋行设计，钟恒记营造厂分两次施工，始建于1929年，1935年建成。建筑高为五层，钢筋混凝土结构，属现代主义风格。

第一节 历史沿革

安利英洋行汉口分行历史沿革

时　间	事　件
1854年	安利英洋行的前身是瑞记洋行，瑞记洋行由德藉犹太人安诺德兄弟（J.Arnhold、P.Arnhold）和卡尔贝格（Karberg）于中国上海合资设立，随后在天津、汉口设立分行，在长沙、常德、沙市、宜昌、万县等地均设立支行。
1917年	中国对德国宣战后，瑞记洋行在华资产被英国汇丰银行代管。由于受欧战影响，包括瑞记洋行在内的多数在华德国洋行实际上已经停止经营。
1919年	瑞记洋行开始营业，改名为安利英洋行，总行位于上海。
1929年	安利英洋行汉口分行成立。
1949年	中南军政委员会租大楼作为办公楼使用。后来，军委会撤销，大楼改为胜利饭店。
1955年	武汉市房地局通告代管安利英洋行汉口分行。
1993年	安利英洋行汉口分行被公布为优秀历史建筑。

第二节 建筑概览

安利英洋行汉口分行选址在十字路口，大楼呈左右对称的布局，两侧墙体紧邻马路，大门为整座建筑的对称中心，大楼建筑面积达5822m^2，平面设计上利用了地形特点，不失美观、大气。建筑墙面为深枣红色面砖，墙面水平划分，整齐地布满了大小规整的玻璃窗，每扇窗户都用白色窗檐作为装饰。整齐的窗檐连成间断的白线，加上顶层的两条白色腰线，将大楼等分为五层，构图生动活泼。大楼背立面为中轴对称布局，八个巨大的白色阳台分布在中轴线两边，栏杆上的雕花十分精美，阳台的白色与建筑本身的白色分割线融为一体，构图和谐流畅。凸出的中轴线上镶嵌着透明大玻璃，透过玻璃可以看到楼

内上下的楼梯，这样不仅达到了很好的装饰作用，也增强了建筑内部的采光效果。

据记载，这栋建筑造价为13.6万银元，建造用的木料和五金材料都是从国外运来的。大门的四根欧式石柱使整栋建筑显得沉稳大气。建筑室内各层在钢筋混凝土楼板上铺柚木地板。当时内部的卫生、水电、暖气设备都很齐全，并设有电梯。

安利英洋行汉口分行照片详见图15-1至图15-7所示。

图15-1　安利英洋行汉口分行透视图

图15-2　安利英洋行汉口分行西立面图

图15-3　安利英洋行汉口分行北立面图

图15-4　门楣装饰

图15-5　建筑细部

图15-6　侧门

图15-7　双柱

第三节　技术图则

依据建筑实测图纸，部分辅以三维建模，用技术图则方式解析安利英洋行汉口分行建筑的环境布局、立面构成、立面分析等规划建筑诸元素。安利英洋行汉口分行技术图则详见图15-8至图15-12所示。

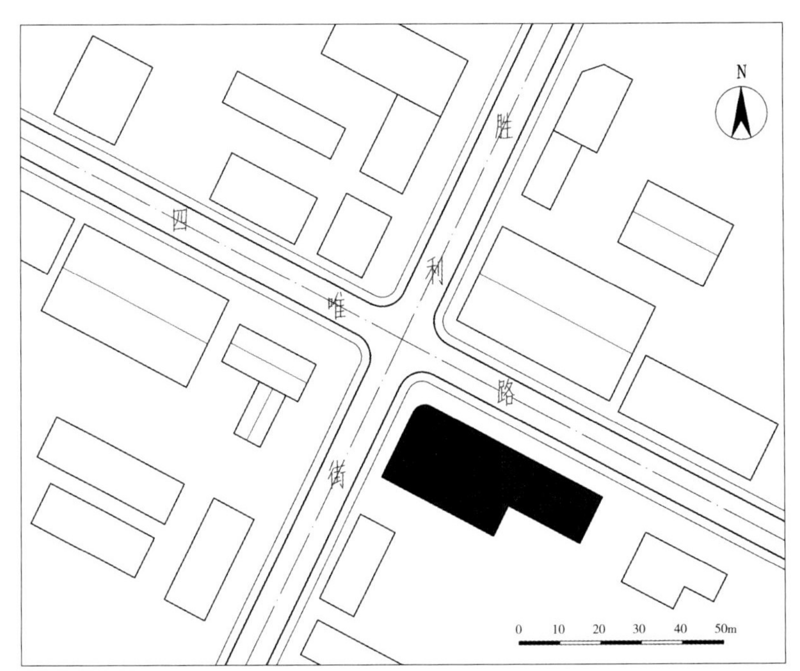

图15-8　街道关系

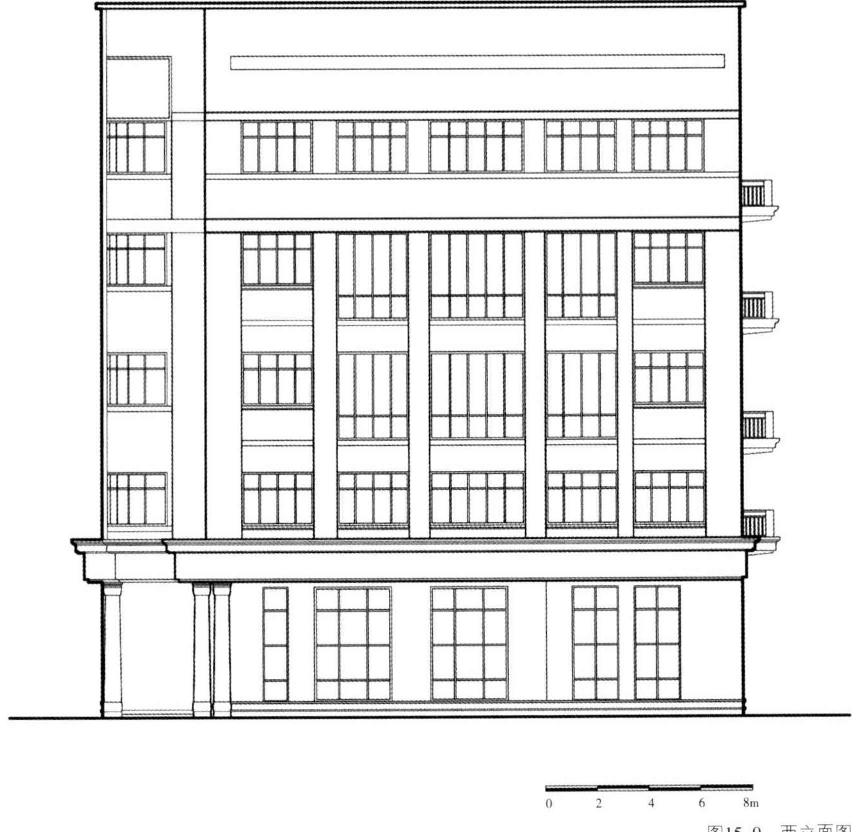

图15-9　西立面图

◆ 图15-9、图15-10：建筑打破了古典三段式构图的束缚，没有多余的装饰，立面简洁大方，带有浓厚的现代主义风格。

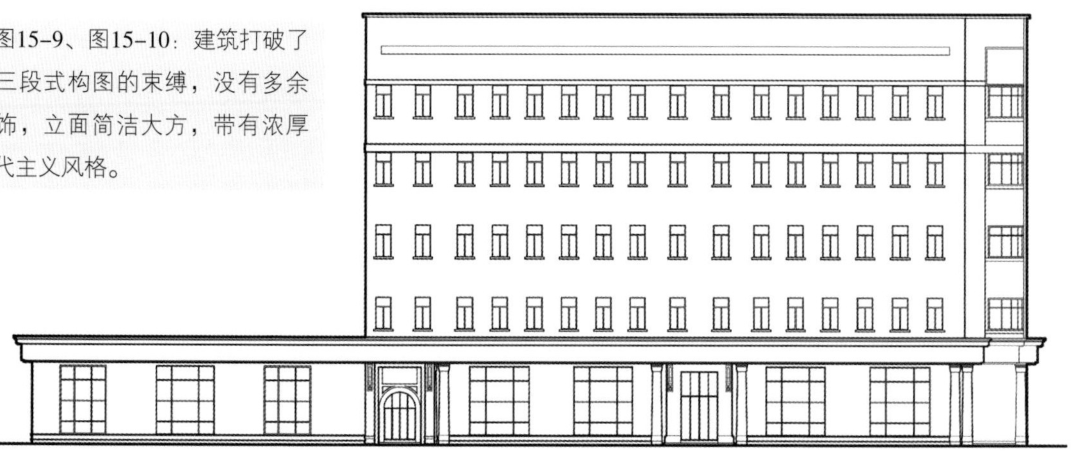

图15-10 北立面图

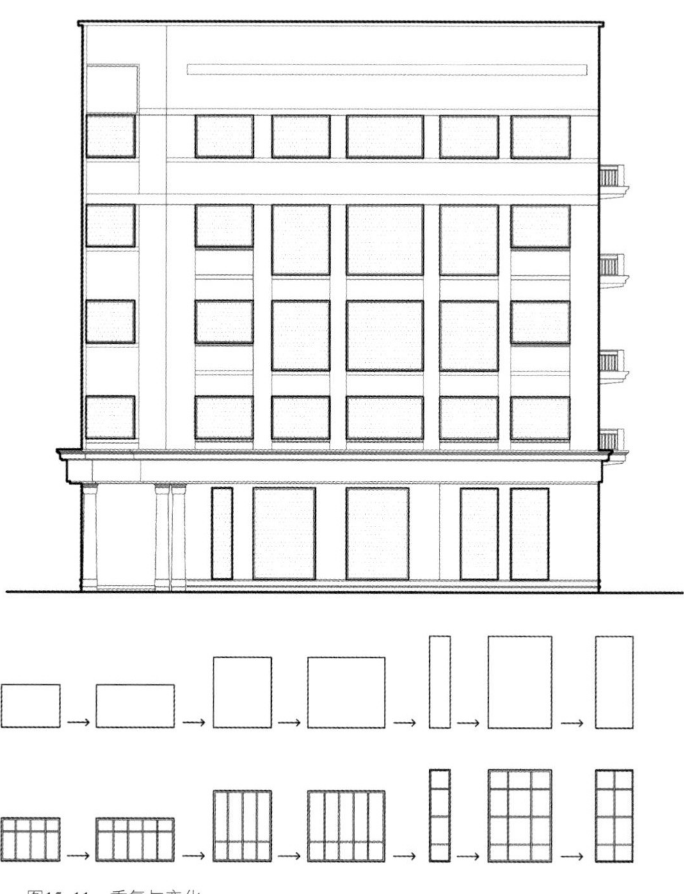

图15-11 重复与变化

图15-12　体量关系

附录：武汉近代洋行·公司建筑年表

图例	名称	地点	说明	时间
	立兴洋行汉口分行旧址	沿江大道183号	大楼由德国石格司建筑事务所设计，民生营造厂施工，三层砖木结构。大楼演绎着浓郁的“殖民地式”风格，古朴的廊柱、典雅的拱券、红白相间的色调，在汉口的江滩形成一道亮丽的风景。	1901年
	汉口美最时洋行大楼	一元路2号	美最时洋行汉口分行主要经营进出口贸易和轮船、保险业务等。该建筑由汉协盛营造厂施工，主体四层钢筋混凝土结构，局部五层，古典主义风格，整栋建筑格外庄重典雅、气派非凡。	1908年
	保安洋行旧址	汉口青岛路8号	保安洋行主要经营各项保险业务。该建筑由景明洋行设计，汉协盛营造厂施工，属折衷主义风格建筑。建筑大楼原五层，后加建一层，现为万友风庭酒店。	1914年
	惠罗公司旧址	江岸区黎黄陂路7号	惠罗公司是近代知名的百货公司之一，该建筑为三层砖混结构，属于晚期复古主义风格建筑。2016年2月被公布为武汉市第十批二级优秀历史建筑。	1915年

图例	名称	地点	说明	时间
	宝顺洋行汉口分行	天津路5号	宝顺洋行汉口分行主要经营进出口贸易，大量收购茶叶。大楼由汉合顺营造厂承建，三层砖木结构。大楼采用红砖清水墙，砖拱木窗，红瓦坡屋顶，装饰构件精美。	1916年
	日信洋行	江汉路2号	日信洋行是日本棉花株式会社在汉口创办的分社。大楼为五层钢筋混凝土结构，三段式构图，临街外墙面麻石砌筑。立面均开长条形窗，整个立面沉稳庄重，属文艺复兴式建筑。	1917年
	太古洋行汉口分行旧址	沿江大道140号	太古洋行汉口分行大楼属文艺复兴式建筑，具有欧洲中世纪古朴之风。建筑高四层，砖木结构，由魏清记营造厂施工。外墙部分采用红砖清水墙面与大面积麻石面，华丽而不失庄重。	1918年
	南洋大楼旧址	中山大道708号	南洋大楼由美国汉明建筑师事务所设计，汉合顺营造厂承建，主楼高五层，占地面积885m^2。1926年12月成为国民革命军大革命时期在武汉的办公大楼。	1921年

图例	名称	地点	说明	时间
	汉口景明大楼	鄱阳街53号青岛路口	景明洋行俗称景明大楼，地上六层，地下一层，钢筋混凝土结构。它是由景明洋行自己设计和建造的，建筑面积3611.46m^2。该楼现为武汉市各民主党派办公楼，所以也称“民主大楼”。	1921年
	卜内门洋行旧址	胜利街71号	汉口卜内门洋行旧址由景明洋行设计，汉协盛营造厂施工，三层砖混结构，清水外墙面，花岗石勒脚。该楼目前闲置，背立面十分残破，急需保护性修缮。	1921年
	三北轮船公司旧址	沿江大道167号	三北轮船公司大楼由汉协盛营造厂施工，是一栋融合了古典主义和现代主义风格的四层砖混大楼，楼顶加建前的建筑保留了古典三段式构图，但其装饰风格简洁精练。	1922年
	亚细亚火油公司汉口分公司旧址	天津路1号	亚细亚火油公司汉口分公司大楼由景明洋行设计，魏清记营造厂承包兴建，包价银40万两，原设计八层，实建五层，钢筋混凝土结构。立面简洁干净，是汉口早期现代建筑中的代表作，现为临江饭店。	1924年

图例	名称	地点	说明	时间
	汉口俄商新泰大楼	沿江大道158号	新泰大楼由景明洋行设计，永茂昌营造厂施工，五层钢筋混凝土结构。大楼仍采取三段式构图，中部柱式、上建塔楼等古典主义手法，但比之过去，省却了繁杂的雕刻和装饰。	1924年
	汉口日清洋行大楼	沿江大道87号	日清洋行大楼由汉口景明洋行设计，汉协盛营造厂施工，钢筋混凝土结构，地上五层，地下一层。大楼采用三段式构图，外墙麻石至顶，玻璃方窗，屋顶设有露天花园。整座大楼内部装修别致、外观宏伟大气。	1928年
	安利英洋行汉口分行	四唯路6号	安利英洋行汉口分行由景明洋行设计，钟恒记营造厂分两次施工，五层钢筋混凝土结构，建筑面积5822m^2。大楼外贴深枣红色面砖，墙面水平划分，整齐地布满了大小规整的玻璃窗，属现代主义风格建筑。	1929年

参考文献

1. 汉口租界志编纂委员会. 汉口租界志[M]. 武汉：武汉出版社，2013.
2. 李百浩. 湖北近代建筑[M]. 北京：中国建筑工业出版社，2005.
3. 胡榴明. 三镇风情：武汉百年建筑经典[M]. 北京：中国建筑工业出版社，2011.
4. 涂勇. 武汉历史建筑要览[M]. 武汉：湖北人民出版社，2002.
5. 潘谷西. 中国建筑史[M]. 6版. 北京：中国建筑工业出版社，2009.
6. 李权时，皮明庥. 武汉通览[M]. 武汉：武汉出版社，1988.